Eat Like Heaven

味道上海

图书在版编目（CIP）数据

味道上海 / 欧阳应霁著 . ——桂林：广西师范大学出版社，2013.8

ISBN 978-7-5495-4038-9

Ⅰ . ①味… Ⅱ . ①欧… Ⅲ . ①饮食 – 文化 – 上海市

Ⅳ . ① TS971

中国版本图书馆 CIP 数据核字 (2013) 第 157388 号

作者	欧阳应霁
出品人	刘瑞琳
策划统筹	黄美兰
责任编辑	王罕历
助理采编	戴蓓懿（踏踏）、叶子骞
封面、美术设计	欧阳应霁、陈迪新
内文制作	马志方
摄影	陈迪新
地图设计	欧阳凯诗
封面字体设计	造字工房

广西师范大学出版社出版发行

桂林市中华路22号　邮政编码：541001
网址：www.bbtpress.com

出 版 人：何林夏
全国新华书店经销
发行热线：010-64284815
山东临沂新华印刷物流集团有限责任公司印刷
临沂高新技术产业开发区新华路　邮政编码：276017

开本：710mm×1000mm　1/16
印张：12.5　字数：100千字
2013年8月第1版　2013年8月第1次印刷
定价：39.00元

如发现印装质量问题，影响阅读，请与印刷厂联系调换。

味道上海

欧阳应霁

序一

上海轮流吃

浪奔、浪流，万里滔滔江水永不休。
淘尽了，世间事，混作滔滔一片潮流——

请勿见笑，很多我身边的 70 后 80 后朋友，无论生活在港、台还是内地，真正开始对上海有兴趣，并不是因为吃喝过老上海早餐中称作四大金刚的豆浆、油条、大饼、粢饭，不是吃过那一碗汤里放了紫菜、蛋皮、葱花、虾皮的绉纱小馄饨，亦不是对上海本帮菜中浓油赤酱的代表作红烧肉有多大了解认识，更不要说各式现炒浇头面、生煎馒头、鸡鸭血汤、草头圈子、腌笃鲜……他们所知道的上海，是港产电视剧《上海滩》中许文强、丁力和冯程程生活的三四十年代的旧上海。当年上海的政治、经济、民生状况以至日常饮食细节都不及周润发、吕良伟与赵雅芝之间的恩怨情仇来得吸引人，也更被关注，连场黑帮厮火并更是紧张精彩剧力万钧，流行文化影响力从来不容忽视——上海上海，这么复杂这么简单，这么远那么近。

忽然胡思乱想，如果当年《上海滩》的编剧安排许文强是西餐馆主厨，丁力是本帮菜馆老板，冯程程是面粉大王的女儿更是超级吃货，那为人津津乐道的会否就是二十五集嘴馋为食连续剧《舌尖上的上海滩》，其对广大嘴馋为食群众的号召，对上海西餐与本帮菜的矛盾冲击竞争互动，对上海饮食文化开放包容蓬勃发展的影响也肯定惊人。

是喜？是愁？浪里分不清欢笑悲忧。
成功？失败？浪里看不出有未有——

认识上海，了解上海的吃，坊间美食指南食评食谱眼花缭乱，网上点评铺天盖地，未吃几乎已经饱了。这回我有幸觅得在上海从小吃大的为食好友殳俏为我把关引路，放心开吃。而在进一步搜寻上海文化相关资料的时候，叫我印象最最深的，是并不以写吃著称的前辈李欧梵教授在其学术著作《上海摩登》中记载的一段逸事：1948 年，九岁的他随母亲从河南乡下到上海寄居一个多月，暂时借住在外祖父住的一家叫"中国饭店"的小旅馆。童稚无知的他第一次进大都市，浑然不知电灯为何物，而上海的声光化电世界对他的刺激，恐怕还远远超过茅盾小说《子夜》中的那个乡下来的老太爷。有一天清晨，外祖父叫他出门到外面买包子，他从五楼乘电梯下来，走出旅馆的旋转门，买了一袋肉包，走回旅馆，却被旅馆的旋转门夹住了，耳朵被门夹得奇痛无比。他匆匆摆脱这个现代文明的恶魔的巨爪，逃了回来后却发现手中的肉包子不翼而飞，于是又跑出去寻找，依稀记得门口的几个黄包车夫对他不怀好意地咧着嘴笑，他更惊惶失措，最后不得不回到外祖父的房间向他禀告，外祖父听了大笑，他却惧怕得无地自容。这是李教授生平第一次接触上海都市文明的"惨痛经验"。

中国饭店、电灯、电梯、旋转门、夹住、肉包子、奇痛无比、咧着嘴笑，大笑——

李教授这六十多年前的上海往事，竟与今时今日我们在上海的吃喝经验有着许多的牵连和类似。人在上海，我们走进的无论是雕栏玉砌金碧辉煌的，食材器具也都异常讲究的高档食府，还是门面寒碜的开在里弄尽头的无名小店，走近推开的都是"旋转门"，有些是人手动的，有些是电动的，被动、主动、被被动。忽然发觉我们都在一个又一个热火朝天的饮食大潮流中，吃什么喝什么虽然都是自己掏钱，但其实不由自主。吃饱喝足推门"被转"出去，眼前人情景物以及味道都不再一样，真个像周璇在夜上海老歌里唱的"换一换，新天地"。更中要害的，是作为传统饮食象征的"包子"不见了，是被咧着嘴笑的黄包车夫拿走吃了呢？还是连这些大叔都嫌包子太土，不屑一吃？当然我们可以积极进取一点，跳上黄包车，吩咐车夫把我们送去吃西洋大菜，去吃大江南北来的各帮各派的经典创新好菜，在声光化电的 enhancement 中来一场 techno-psycho taste 五感体验之旅——这，就是我和身边同样能吃爱吃懂吃的好友在上海这个从来就开放包容的移民城市里，从早到晚吃了近两个月的兴奋深刻经验。

一如走进餐厅常常会有背景配乐，此刻在我耳畔响起的倒不是浪奔浪流，却是1980年8月4日在香港 TVB 首播，原定为六十集的另一套长篇剧的主题曲，黄霑先生作词，顾嘉辉先生作曲：

　　轮流转，几多重转？循环中，几段情缘？
　　千秋百样事，几多次轮回，点解世事万千转？

这一出由甘国亮先生监制，由当年尚未成名已戴黑超的导演王家卫任助导的电视剧《轮流转》，以一个上海家庭在香港的生活为背景，由战后的香港一直演进现代——剧本精彩演员阵容强劲，当红小生郑少秋，当家花旦李司棋及郑裕玲，还有森森、李琳琳、叶德娴、陈百强及林子祥等等演员和歌手参与演出。可惜开播后收视被另一电视台另一套以中国近代史为题材的电视剧《大地恩情》击败，TVB 决定腰斩《轮流转》，是香港电视史上首部没有结局的电视剧。

这种残酷现实，也与上海以及其他国际都会的饮食界今天经历面对的几乎一样。食客推开旋转门走进去，今天跟昨天的餐厅名字，室内装潢，服务员装扮和态度以致菜色种种都随时不一样。食肆开张关张的内部外部原因固然很多，食物质素高味道好主厨师长得帅的也不一定可以在激烈竞争中胜出留下来。所以我们这些嘴馋好吃的只能早午晚宵夜密密地吃，且心存感激多做鼓励支持，因为天晓得还可以吃到什么时候吃到什么？

至于更私人的一个觅食原因，希望在上海还可以一尝上世纪三四十年代外祖父母年轻时作为印尼华侨世家子弟勾留上海吃得到的美味，追寻觅得在上海出生的母亲的童年滋味——从我抵达上海的第一天就知道，那恐怕真的是太奢侈太天真的一个要求。

　　剩下了，多少挂牵？还留得多少温暖？
　　抑或到头来一切消逝，失去了就难再现。

　　人群里，几多奇传？情缘中，几多爱恋？
　　当一切循环，当一切轮流，此中有没有改变？

应霁

2013 年 3 月

上海烟火

故乡的味道让人觉得珍重，一是因为岁月的关系：从小吃起，
整个味蕾浸润在本地的调料和食材中长大，伴随着长辈的絮
叨、街坊的热络、市井的八卦，推推搡搡成一整张堆得满满
的大饭桌，占据了我们所有童年里关于"好吃"的记忆空间。
二是因为地域的缘由：以家为起点，发散出方圆几里地。小
学的时候，吃亲戚家的菜、邻居家的点心、学校门口的摊贩；
中学的时候，就懂得推辆自行车，几个女同学似懂非懂逛街，
末了还要到城中小有名气的餐馆打打牙祭，中餐、西餐、甜食，
纵使当年零花钱不充裕，也要一样样吃过来；到大学，未专
精学业之前，学到的却是一有机会就到处旅行，从近处的城
镇开始，渐行渐远，这时候意识到，世界上原来有这么多不
同的味道在等着我们去发现，而在我们走了大半个地球之后，
会领悟到，最想念的滋味，仍在家门口，像妈妈一样对我们
不离不弃。

2012年中，欧阳邀请我跟他一起做这本《味道上海》，彼时
我早就是个客居北京八九年的异乡人了。我们在一间小小的
咖啡馆里聊着食物与城市的关系，离开和回来的各种情绪，
其时，我特别想知道，为什么是我，而不找一个仍然生活于
上海，牢牢扎根在上海的上海人来合作这本书。欧阳笑眯眯
地回答，你看，上一本《味道台北》，找的也是旅居荷兰的台
北人韩良忆呀。有时候，离开故乡的人会比任何本地的居民
都要敏感，因为换了个角度来看自己居住的城市和喜爱的食
物，百分之十的疏离，加上百分之九十的熟悉，反而是百分
百最浓厚的情感。

确实，这几年的我，穿梭于北京、上海以及其他城市之间，
最快乐的事情，莫过于不带任何工作任务的"回娘家"。而一
到上海，快乐中的快乐，则是飞机一落地就去吃碗热气腾腾
的鲜肉小馄饨，加块蘸辣酱油的炸猪排。这都是对上海人来
说再简单不过，寻常不过的食物了，但旅居在外，往往就是
最怀念这种最庶民的食物气息。换言之，这样的食物，代表
着整座城市的烟火气。所谓的"人间烟火"，和生活在城市中
的乐趣，并不是来自那些钢筋铁骨的大厦，锦衣玉食的幻象，
而是来自一碗小馄饨中，热汤里泛着细细油花的光晕，一咬
一包鲜汁的肉馅和如金鱼尾巴一般摇曳的绉纱馄饨皮，也来
自那一块被捶打和拍松过的猪排外面，裹得细密炸得金黄的

面包粉薄壳，和蘸过"泰康黄牌"的临近骨边的肥瘦相间的那一口。我总是有这样一个心愿，要做一本关于上海吃食的万能指南，其中对餐馆唯一的筛选标准，就是看有没有这个"烟火气"。

感谢欧阳的书给了我这样一个机会，既是工作，又不像工作，总之，我们一起回到了上海，每天用最大的热情和最大的"肚量"拥抱着各种上海的食物，寻找着那些我记忆中带着"烟火气"的食物。我们在铺着塑胶台布的本帮菜家庭小馆里吃油腻腻的草头圈子、油爆虾、酱肉；也到人满为患的充满了老爷爷老奶奶的点心店里温习鲜肉小笼、千层油糕、糯米烧卖；我们一早起来，去人气最旺的包子铺面排队买肉馒头、菜馒头、豆沙馒头（感谢老天，我终于又能这么理直气壮地把有馅的东西叫做"馒头"了，要知道这在北京可会被人笑话）；我们也会撑到很晚，特地跑去号称是上海最美味宵夜之一的小摊尝试令人难忘的深夜豆浆及深夜"四大金刚"；作为一个特殊的有着西餐传统的城市，我们也探访了上海各种各样的"洋食店"，从时髦雅致的法国、意大利、西班牙小馆，到作为时代产物的半中半洋"海派"老西餐馆，乃至我从小买到大的面包店，欧阳说，只要你觉得重要的，具有上海气质的食物，我们就一间都不能错过。

而今，《味道上海》终于完成，这是许许多多爱吃的上海人和非上海人一起努力的成果。我的力量，在其中何其微薄，但我的心愿，却由欧阳及其团队代劳，把它完成得极其妥贴。相信这是一本真正记录这座城市各种精彩食踪的觅食指南，异乡客来到这里，可用它遍寻美味。它也应该是一本浸染了这座城市"人间烟火"的怀乡指南，如我这般，深夜拿起这本书翻几页，心和胃便能感受到那些熟悉的温暖呢。

殳俏

2013 年 3 月

目录

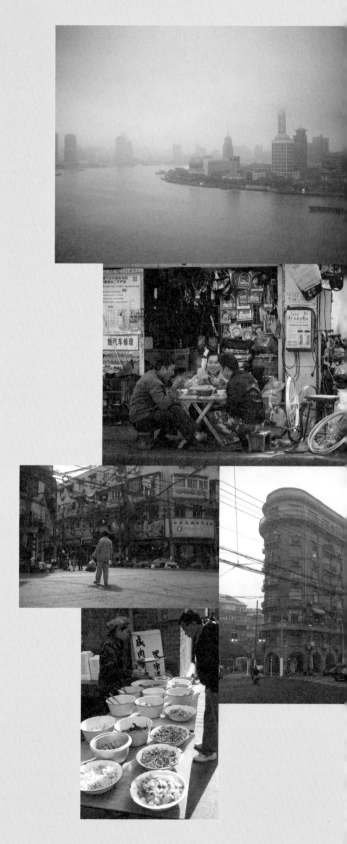

跟着味觉走

第一章

东南西北四天三夜路线图

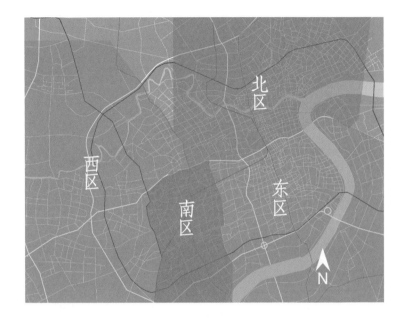

北区

西区

东区

南区

N

人在上海，行走觅食，公共交通上下地铁虽然一贯拥挤但比想象中方便。当街拦截计程车也还算顺利，未至绝望发飙。只是出门前要把餐厅饭店地址准确查清，目的地在什幺街跟什幺路交界，那就万无一失不必走冤枉路。

一路走来，街名路名从陌生变熟悉。也常常利用饱餐饭后散步走动，才知道这条街是相连那条路的，脑海中一个渐渐完整的街区脉络就开始形成。再用上传说中的"味觉定位法"，中法意德日韩，川湘鲁粤杭，早午晚餐宵夜各有其特色亮照，加上或浮夸或

低调有的没的室内装潢，色香味觉经验交叠重组中，让你我深深记住某年某月某日在此吃过。

一鼓作气吃遍城中一百二三十家大小食肆，且以上海沿江两岸地理上的四个方向分区，编好东南西北四条四天三夜吃喝路线图，让这个挑战自己的美食经验开心启动！

东区

第一天：**大壶春**的老上海生煎是美食之旅的低调开场，**屋里香**的精致小菜和**瑞福园**的本都经典都是满满的惬意午餐。在 **éclair** 小坐片刻，美味泡芙是阳光下的良伴。**孔雀**的地道川味或 **Scarpetta** 的义式乡村风味让人回味无穷。勤力跑远些，**东宇酒家**的海鲜不会令人失望。**七叶和茶**的日式甜点是一天的完美收尾。

e33 大壶春 / e17 屋里香 / s22 瑞福园
e6 éclair / e28 孔雀 / e27 Scarpetta /
e33 东宇酒家 / e18 七叶和茶

第二天：起个大早，在**盛兴点心店**用大馄饨和双档做早餐。**兰亭饭店**及**海金滋酒家**的家庭本帮味或**陆家庄**的浦东菜都让午餐饱满起来。**大肠面**和**味香斋**的麻酱面都是下午时分填肚子的好选择。入夜，**桂花楼**的淮扬菜和 **Table No.1** 的欧陆菜让人赞叹大厨的精细厨艺，餐后在 **Boxing Cat** 喝啤酒"助消化"。

e25 盛兴点心店 / e7 兰亭饭店 / e9 海金滋酒家 /
e32 陆家庄 / e19 大肠面 / e11 味香斋 /
e1 桂花楼 / e15 Table No.1 / e20 Boxing Cat

第三天：早餐再丰盛，午餐也要多留胃口吃**囍娜湘香**的红火湘菜，**鱼藏**的鳗鱼饭即使作为午餐也很轻盈。午后，就交给 **hoF** 的巧克力甜点和鸡尾酒来满足味蕾。晚饭时段 **El Willy** 的西班牙下酒小吃真正妙。半夜，潜入上海老城区，**老绍兴豆浆店**吃根油条喝碗豆浆，**耳光馄饨**吃份荠菜大馄饨，都是真正的在地生活。

第四天：即使是早餐，**香阁丽面馆**都有火爆的长队。午餐在新天地吃 **de Bellotas**，感受欧式的轻松惬意。**蔡嘉和贝蕾魔法**加上 **MIGNARDISE** 的糕点会让今日的下午茶有着纠结的选择。晚来在外滩吃 **Bocca** 投入义式情怀，在**新荣记**的台州海鲜尝试不一样的海鲜和做法。**顶特勒**的粥面能在半夜抚慰人心。

e14 囍娜湘香 / e23 鱼藏 / e13 hoF / e2 El Willy /
/e24 老绍兴豆浆店 / e21 耳光馄饨

e30 香阁丽面馆 / e8 de Bellotas / e29 蔡嘉 /
e26 贝蕾魔法 / e16 MIGNARDISE / e3 Bocca /
e5 新荣记 / e10 顶特勒

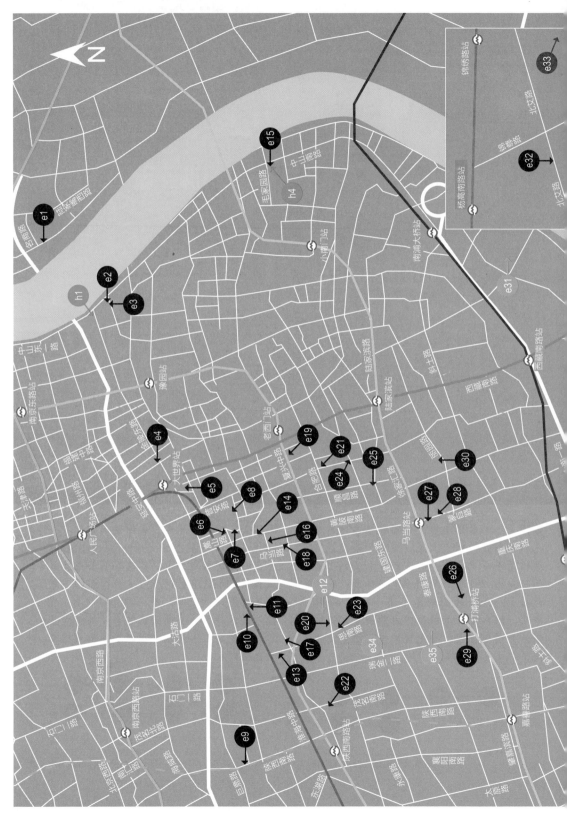

e1 桂花楼 (P114)

e2 El Willy (P131)

e3 Bocca (P137)

e4 大壶春 (P38)

e5 新荣记 (P112)

e6 éclair (P77)

e7 兰亭餐厅 (P61)

e8 de Bellotas (P136)

e9 海金滋酒家 (P61)

e10 顶特勒粥面馆 (P157)

e11 味香斋 (P49)

e12 复兴公园 (P173)

e13 hoF 巧荟 (P72)

e14 囍娜湘香 (P122)

e15 Table No.1 (P132)

e16 MIGNARDISE (P78)

e17 屋里香食府 艺术沙龙 (P65)

e18 七叶和茶 (P77)

e19 大肠面 (P51)

e20 Boxing Cat (P154)

e21 耳光馄饨 (P157)

e22 瑞福园 (P64)

e23 鱼藏 (P146)

e24 老绍兴豆浆店 (P156)

e25 盛兴点心店 (P39)

e26 贝蕾魔法 (P76)

e27 Scarpetta (P135)

e28 孔雀 (P118)

e29 蔡嘉法式甜品 (P74)

e30 香阁丽面馆 (P53)

e31 上海当代艺术 博物馆

e32 陆家庄 (P63)

e33 东宇酒家 (P67)

e34 思南公馆

e35 田子坊

南区

第一天：不论**生煎、锅贴**还是**烧饼、咸豆花**，都是常见的沪式早餐。中午时分**小白桦**的家常小菜轻松无负担。下午在前法租界的绿荫下吃片 **La crêperie** 的法式薄饼，在 **Aroom** 喝杯咖啡都自在。有闲情逛逛 **Green & Safe**，顺手买些有机好食材好调料。晚上预订好**老吉士**的海派小菜吃到 high，**花马天堂**的云南菜有型有格。在 **Al's Single Malt** 喝几款威士忌，肚子又饿了，**查餐厅**的港式美味随时欢迎你。

第二天：晨早吃完**老地方面馆**的现炒浇头面，抹着嘴，逛逛**红峰**看看新鲜蔬果和进口食品。**Haiku** 的加州卷是日料优选。**申申**和**静安**的面包是许多上海人从小吃到大，坐在**马里昂吧**看看街角的人来人往消磨小半个下午。晚餐出发到**致真会馆**必点两头乌红烧肉惹人回味，或者在 **Franck** 体验法式小情调。**糖品**的港式糖水和榴莲甜品温暖人心，深夜去**洋房火锅**吃港式打边炉，又是饱足一餐。

s39 生煎锅贴 / s40 粢饭 / s41 咸豆浆油条 / s33 小白桦 /
s18 La Crêperie / s26 Aroom / s21 Green & Safe /
s31 老吉士 / s14 花马天堂 / s30 Al's Single Malt / s35 查餐厅

s13 老地方面馆 / s9 红峰副食品商店 / s20 Haiku /
s12 申申面包房 / s4 静安面包房 / s8 马里昂吧 /
s24 致真会馆 / s28 Franck / s34 糖品 / s 23 洋房火锅

第三天：**Farine** 的面包真材实料，搭配一杯咖啡就是完美早餐。**豪生**的私房小菜是午间的简单之选。去**城市山民**或**璞素**逛逛，在**宋芳茶馆**或**澄园**喝杯茶，体会大家对中国茶的不同理解和演绎。晚饭约好一众，**浙里**的杭帮菜够地道，**Cuivre** 的法国菜放下身段最轻松。餐后在 **Dr. Wine** 各款啤酒换着喝，在 **Le Crème Milano** 品尝五颜六色的 Gelato，各自美妙。

第四天：**Madison** 的早午餐轻松自在，逢周六逛逛**嘉善市集**，或逢周日走走**星顿农夫市集**，选购健康有机的农副产品。**卢大姐**的羊肉汤吃到暖身舒畅，午后不论在**老麦**、**Rumors** 还是 **SUMO**，都可以喝到一杯上乘的咖啡。**干悦阁**的顺德菜考究的是食材和手艺，**Oyama** 的寿司最叫人热切期待，**HAI by Goga** 最讲求活泼多样。未过瘾？**Kota's Kitchen** 的串烧和拉面，让这夜肯定满足而归。

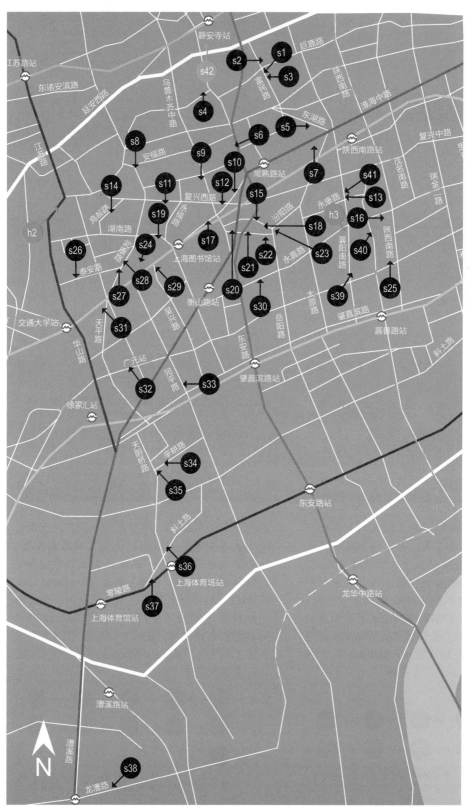

s1 Le Crème
Milano
(P76)

s8 马里昂吧
咖啡馆
(P87)

s15 老麦咖啡店
(P85)

s22 HAI by Goga
(P138)

s29 SUMO 咖啡馆
(P87)

s36 星顿农夫市集
(P98)

s2 南麓·浙里 (P115)

s3 Le Bistro du Dr. Wine (P153)

s4 静安面包房 (P80)

s5 Sushi Oyama 鮨 大山 (P142)

s6 璞素 (P91)

s7 Madison (P45)

s9 红峰 副食品商店 (P101)

s10 干悦阁 (P117)

s11 城市山民 (P90)

s12 申申面包房 (P80)

s13 老地方面馆 (P48)

s14 花马天堂 (P119)

s16 宋芳茶馆 (P92)

s17 Cuivre (P134)

s18 La Crêperie (P78)

s19 鲁马滋 Rumors Coffee (P89)

s20 Haiku (P145)

s21 Green & Safe (P100)

s23 洋房火锅 (P155)

s24 致真会馆 (P59)

s25 嘉善市集 (P99)

s26 Aroom (P84)

s27 Farine (P44)

s28 Franck Bistrot (P133)

s30 Al's Single Malt (P153)

s31 老吉士 (P58)

s32 豪生酒家 (P60)

s33 小白桦酒家 (P64)

s34 糖品 (P73)

s35 查餐厅 (P121)

s37 Kota's Kitchen (P149)

s38 卢大姐四川 简阳羊肉汤 (P53)

s39 生煎锅贴 (P42)

s40 粢饭 (P42)

s41 咸豆花 (P43)

s43 澄园 (P93)

西区

第一天：在**石记**品尝真正南翔小笼的魅力所在。**上面坊酥鸭面**能把整只鸭的精华都呈现出来，在**质馆**喝咖啡顺带欣赏小型艺术展。趁着太阳好，去七宝欣赏古镇风情，尝尝地道的**七宝方糕**后满意而归。**Salon de Salon** 是小酌微醺的导火线。

第二天：欲尝**秋霞阁**的萝卜丝饼，赶早还要赶巧。**铜川路水产市场**的热闹劲让人馋心大开，那就直接奔向**上味**吃宁波小海鲜。**秘密花园**喝杯咖啡，为的是迎接**成隆行**的全蟹宴。不怕胆固醇超标，**龙之介**的炉端烧再下一城。

w10 石记南翔小笼 / w9 上面坊酥鸭面 /
w8 质馆 / w23 七宝方糕 / w11 Salon de Salon

w17 秋霞阁 / w1 铜川路水产市场 / w3 上味小海小鲜 /
w16 秘密花园 / w19 成隆行 / w21 龙之介

第三天：**阿山饭店**的浓油赤酱叫人感受真正本帮滋味的侵袭。**兰桂坊**的炸猪扒配辣酱油是上海小孩的共同记忆，顺路走到**柴田西点**吃根闪电泡芙感受日式西点的精致细腻。晚餐选择**酒吞**的日料叫人心生满足，**真如**的羊肉面不腻不燥。爱吃蛇肉的，**胜记龙凤村**是个好去处。

第四天：**敦煌楼**的新疆菜有着浓烈的西北风格，**十面埋伏**的膏蟹面相比之下很小清新。晚来**大有轩**的潮菜精工细作魅力十足，午夜在**和萌**大啖牛肠火锅，粗放豪迈的劲头持续一整夜。

w20 阿山饭店 / w14 兰桂坊 / w15 柴田西点 / w22 酒吞 / w2 真如羊肉馆 / w24 胜记龙凤村

w4 敦煌楼 / w12 十面埋伏 / w18 大有轩 / w13 和萌牛肠烧烤

w1　铜川路水产市场 (P97)

w2　真如羊肉馆 (P52)

w3　上味小海小鲜 (P113)

w4　敦煌楼 (P123)

w5　西区老大房 (P165)

w6　中山公园 (P174)

w8　质馆 (P88)

w9　上面坊酥鸭面 (P50)

w10　石记南翔小笼 (P40)

w11　Salon de Salon (P154)

w12　十面埋伏 (P109)

w13　和萌牛肠烧烤 (P148)

w14　兰桂坊 (P54)

w15　柴田西点 (P75)

w16　秘密花园 (P89)

w17　秋霞阁 (P43)

w18　大有轩 (P116)

w19　成隆行颐丰花园 (P107)

w20　阿山饭店 (P62)

w21　龙之介 (P147)

w22　酒吞 (P144)

w23　七宝方糕 (P81)

w24　胜记龙凤村 (P158)

北区

第一天：**王师傅**的手拍葱油饼在阳光下焕发着耀眼的金光。**大沽路**标准化菜市场和**罗浮路**的马路菜市场是两种风情两种生活场景。**Jean Georges** 的法式午餐创意十足烹调绝妙但未必管饱，**三林塘**的大馄饨和**美新**的汤圆作为下午美点填充胃纳的小角落。华灯初上有**新光方亮**的大闸蟹叫人吮指回味，霍山路的粢饭豆浆，一战到底。

第二天：**东泰祥**的生煎秉承老上海特色，**心乐**的腰花面或**富祥**的黄鱼面吃得酣畅淋漓。想走走路消化一下，意志力却瞬间在**虹口奶香糕团**的双酿团前溃败。龙阳的东海海鲜和**东莱·海上**的胶东海鲜各有特色。作为全球唯一的感官餐厅，**Ultraviolet** 让人眼耳鼻舌心五感都打开。

第三天：一大早和衣冠整洁的白领同坐一桌吃**弄堂小馄饨**，**老半斋**的菜饭是几十年老味道。在**夏布洛尔咖啡馆**看场电影，吃吃**红宝石**的奶油小方和**凯司令**的栗子蛋糕，恍如穿越。正装登场有 $8\frac{1}{2}$ **Ottoe Mezzo Bombana** 的米其林三星级水准义菜把人拉回到现实世界。在华尔道夫酒店的 **Long Bar** 小酌一杯，在璀璨的外滩夜景陪伴下，这夜真美好。

第四天：**半岛酒店 The Lobby** 的早餐精致且丰盛，**万寿斋**的人龙挡不住吃小笼的热情，转场在**石见**感受低调雅致的日式情怀。**Mercato** 或 **Mr & Mrs Bund** 都是外滩的觅食优选。

n25 弄堂小馄饨 / n18 老半斋 /
n26 夏布洛尔咖啡馆 / n21 红宝石 / n23 凯司令 /
n10 $8\frac{1}{2}$ Otto e Mezzo Bombana / n16 Long Bar

n29 半岛酒店 The Lobby /n2 万寿斋 /
n19 石见 / n14 Mercato/
n13 Mr & Mrs Bund

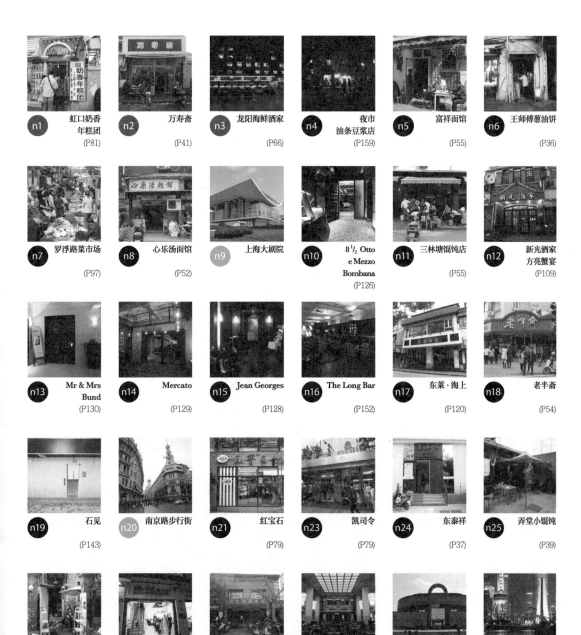

n1 虹口奶香年糕团 (P81)	**n2** 万寿斋 (P41)	**n3** 龙阳海鲜酒家 (P66)	**n4** 夜市油条豆浆店 (P159)	**n5** 富祥面馆 (P55)	**n6** 王师傅葱油饼 (P36)

n1 虹口奶香
年糕团
(P81)

n2 万寿斋
(P41)

n3 龙阳海鲜酒家
(P66)

n4 夜市
油条豆浆店
(P159)

n5 富祥面馆
(P55)

n6 王师傅葱油饼
(P36)

n7 罗浮路菜市场
(P97)

n8 心乐汤面馆
(P52)

n9 上海大剧院

n10 8 1/2 Otto
e Mezzo
Bombana
(P126)

n11 三林塘馄饨店
(P55)

n12 新光酒家
方亮蟹宴
(P109)

n13 Mr & Mrs
Bund
(P130)

n14 Mercato
(P129)

n15 Jean Georges
(P128)

n16 The Long Bar
(P152)

n17 东莱·海上
(P120)

n18 老半斋
(P54)

n19 石见
(P143)

n20 南京路步行街

n21 红宝石
(P79)

n23 凯司令
(P79)

n24 东泰祥
(P37)

n25 弄堂小馄饨
(P39)

n26 夏布洛尔
咖啡馆
(P86)

n27 美新点心店
(P41)

n28 大沽路菜市场
(P96)

n29 半岛酒店
The Lobby
(P44)

n30 上海博物馆

n31 外白渡桥

n32 外滩源

n33 外滩3号

n34 Ultraviolet by
Paul Pairet
(P139)

第二章 上海吃不完

早安上海

第二章之一

在上海的每个清晨，我几乎都是"饿"醒过来的。

其实昨天晚饭时候饱尝的上海本帮墨鱼红烧肉加毛蟹年糕或者法式烤牛排配鹅油薯条还未正式消化完，加上我最喜爱的甜白葡萄酒也许是喝多了，醺醺还未全醒——但实在着急一尝再尝散落市内各弄堂角落的传统早餐的野心永在，担心过了时刻人气一散就得明天请早。所以还是猛然醒来，先放下酒店本就提供的丰富早餐不顾，直奔各个现场和上学的上班的大众一起在水气氤氲和油香扑面的简陋摊子面前排队买一碗咸浆、一根油条、一团粢饭、一份葱油饼、二两生煎、一笼汤包、一碗小馄饨，更不介意咬着一口烧卖一只锅贴一个梅干菜包在愈来愈繁忙的清晨街道上放肆行走。

一个让大家开心和安心吃早餐的城市是幸福的。虽然身边的上海老朋友总是焦虑地诉说这也拆了那也迁了小时候的早餐味道都没了，我还是努力地捡拾起这些味觉碎片，拼贴出一张当下的私人上海特色早餐地图，然后告诉后来的更年轻的小朋友，每一天都是新的一天，起得早找对人带路，还是可以尝到仅存的上海早餐真滋味。

毕恭毕敬地从王师傅手中接过这经过两面煎烙之后再烤烘，新鲜热腾腾出炉的葱油饼，该是双手整个持好一口又一口细细密密咬噬下去？还是单手掰拉一小块又一小块出来再入口？

实在顾不了是否有所谓吃葱油饼的正宗方法，当然也不顾仪态了。唯是知道不要阻碍排在身后人龙里的各位，转身闪到马路对面就急不及待地开吃起来。

先是葱香油香扑鼻，烫手烫口的吃来外脆内酥。然后吃到饼内那传说中最精彩最震撼的花白半透明的猪板油，哇，不要跟我做什么健康忠告了，反正也没有机会天天吃——这辈子能吃上一次就无怨无憾了。

从小就住这附近街区，指点我来这里朝拜的上海友人跟我说，罗浮路菜市场边上王师傅这一档葱油饼已经是几代经营，用的是最传统的上海手法，发酵好的面团揉好摊平成长条，抹上猪油油酥撒上葱花，内里放一块猪板油加强震惊效果卷就成形，放在刷了菜油的平底锅上，用手拍打压平，待一面煎得开始脆硬时，反过来再煎另一面。反复来回直至饼的两面都呈金黄色，再拿起放到煤炉的边缘贴着烤烘——我们这回吃到的是托友人母亲提早一小时预订的馅料加倍饼身加厚的"特别版"，其酥其脆其香，非笔墨所能形容。

每当有幸在闹市街头吃到这些极便宜又极好的传统早点，不知怎的我在兴奋若狂的同时总是很伤感。

吕先生
退休人士

可能是上海唯一一家还坚持在煎烙过程中用手拍打葱油饼面的传统做法了。

在王师傅没有招牌没有任何装潢的破旧小店门前，从清晨开摊到午后收摊，永远有人龙守候葱油饼现烘出炉。吕先生是人龙中的一员，跟排在他后面的我微笑着解说忙碌作业中的王师傅的每个手势动作。吕先生不是街坊，但每逢路过都要过来买上几个这不多见也卖不起价钱的老手艺。你的儿孙都跟你一样爱吃这个吗？我问，吕先生笑而不答。

多少人慕名而来排队买这一个葱油饼，就是为了当中这一块似融未融的猪板油！

最爱立在这口铸铁平底锅前，看着当灶师傅执手扒垫布把锅转上几圈，掀开锅盖一股鲜香蒸气扑来——生煎马上出炉上碟略。

羊嫩细滑鲜虾小云吞，配油豆腐百页粉丝汤。

这些年来到过上海这么多趟，每趟勾留短则一天长则一个半月，每趟当然都有吃生煎——上海朋友提醒我，不要叫生煎包子，该跟上海人叫生煎馒头。这个生煎经验从最靠近入住的酒店的丰裕连锁开始，到发迹前在吴江路的小杨生煎到大大小小各家记不起名字的。有心急入口烫到嘴唇和舌头的，有汤汁四射弹溅衣衫的，有底板又焦又硬咬不进去的，有半冷不暖更觉油腻不堪的，至于后来吃多了慢慢得知做生煎馒头有一派强调该用半发酵的面团，皮子吃来软韧适中松紧正好，肉馅由搭配比例得宜的肥瘦肉末加上肉皮冻细末拌好，煎好后趁热咬开皮子自然就有鲜烫肉汁喷涌——皮更薄汁更多曾经一度是主流，但吃多了吃腻了大家又开始追求更传统更道地的手势与味道。特别是馒头的收口该是反转过来向锅内煎成香脆而皱褶的底板，还是收口向上煎成平坦底板，都各有说法各有拥戴。

而有那么一个周日早上，当我终于来到重庆北路近大沽路上的生煎老字号东泰祥生煎馒头馆，把招牌项目与一众友人一路点将下来，嘴刁的大家吃得很是满意。相对宽阔干净的店堂，不慌不忙地照顾大局的服务员，手工纯熟现场掌厨操作的师傅们都很讨好感，先上来一盘生煎馒头个子略小，皮薄底脆，汤汁鲜而不腻，很合乎我对"点心"的要求。再来是一碗清鲜和味的油豆腐百叶包，暖胃正好。虾仁小云吞即以鲜嫩轻巧取胜，再点的葱开拌面更是油香四溢，面够筋道。难得这么完整地开始美味的一天，可见老字号的承传发扬至少得如东泰祥般有节有度，肯定大有可为。

大壶春 ⓔ4

A 黄浦区云南南路71号（近金陵东路）
H 07:30–14:00 / 15:00–20:00

一不小心大家都成了"外貌协会"的名誉会员，未尝味道先看长相。

如果用这标准的话，恐怕你我都会过"大壶春"其门而不入，还会对这从解放前就起家，以与另一家老牌生煎"萝春阁"纠缠比拼几十年而闻名的国营老字号诸多挑剔，诸如环境简陋，没有服务，食堂拥挤嘈杂，长期排队等等等等。

但终于还是为食慕名而来，挤进阁楼一个转不了身的角落，把那端在手里一盘二两生煎一放入口，咦，全发酵的面皮全吸附了肉馅里的汤汁，吃来松软润湿，甜香鲜美。没有喷涌的汤汁倒更让人踏实地吃到肉馅吃到酥脆焦香的底板。这该就是老派生煎馒头的正宗做法，两三口一个接一个，乐滋滋油滋滋的，长知识了。

你挤我拥堆叠如山不讲卖相，就是有人排队等吃这老做法老味道。

邓达智
时装设计师、
作家、
广播人

多年老友一年到晚全球团团转，是那种没有约好也会在伦敦在米兰在上海偶遇然后拥抱的家伙。上海他混得比我熟，连吃小杨生煎也指定陕西北路的那一家，不过这回我反客为主，建议一同去试试大家都未尝过的大壶春，对民间滋味的追寻探索绝对是日常必修课。

全店只售鲜肉生煎，咖喱牛肉汤和粉丝汤三样食物，执著坚持有恃无恐。

价目表

鲜肉生煎	5.50元/4只
咖喱牛肉汤	6.00元/碗
干张粉丝汤	7.00元/碗

虽说是小馄饨，但料足汤美，当成早点吃完可得很晚才吃午饭。

刘磊
夏布洛尔
咖啡馆
合伙人

作为弄堂小馄饨店堂后门出来左侧的电影主题咖啡店的主人，据说刘磊深得馄饨店老板娘疼爱。明明馄饨在早上十一点半左右就卖光了，不知怎的迟来的刘磊还是会得到一碗吃得爽。我在这里的第一碗馄饨也是这样讨来的，平时冷面冷眼的老板娘重新取出皮子和肉馅包出一碗，让我吃得也像刘磊一样够感情够亲切。懂了门道之后，就得准时兼走正门咯。

桌上那一小罐鲜辣粉犹如魔法瓶，那碗不起眼的咸菜专程由周庄采购而来，是任你添加的提鲜秘器。

弄堂小馄饨 n25
A 静安区南京西路 1025 弄
　静安别墅 107 号（近茂名北路）
T 021-6215-4718
H 上午 11:00 前

据说也绝对相信在上海最好吃的小馄饨大馄饨，都应该是在上海人家里自己包的。所以像我们这些路过的嘴馋为食的，就只能到处打听城里哪儿可吃到最有家常味道的馄饨。如果是三鲜小馄饨，一定要撒满葱花、蛋皮、虾皮、紫菜，汤底还要下一点猪油，边舀边吃，香气四溢格外满足——这一切梦想终于在静安别墅的某一条弄堂里实现。不与晨早七点开始排队的上班族争位置，九点后闲适一点坐好，看着老板娘熟练地用竹片一挑抹再用手一捏的在包馄饨，用的馄饨皮一分为二，还以擀面棒再揉再压加强薄滑口感，满满一碗热腾腾上来，个个皮薄肉嫩绉纱，滑一个滑一个地进口，尝得肉鲜。哈哈，果真没有来错！

心情和胃口都要超好，才能在这拥挤混乱紧张吆喝的氛围里淡定安心吃喝。

盛兴点心店 e25
A 黄浦区顺昌路 528 号（近永年路）
T 021-5306-7325
H 06:00-17:00

好不容易"打"进盛兴小小的店堂里，看准哪一位顾客已经吃得差不多了，在他或她身旁站着，准备稍后"接棒"。怎知又进来另一波顾客，挤得本来靠边的我又更靠边贴墙了，如果不笃定，搞不好还未吃到这里著名的菜肉大馄饨，就被挤出门外了。还好，我终于坐下，来了一碗双档，也就是五只用颜色稍显黄黑色的并非精制面粉的"黑面"面皮包的鼓实菜肉馅的大馄饨，再加十二只用精制面粉做皮的柔滑小馄饨，两种口感和内容先后下肚，好味满足，得起身让座给下一位了。

石记南翔小笼 w10

A 长宁区遵义路 563 号（近玉屏南路）
T 15821751950（外卖手机）
H 05:30–21:00

吃过上海 N 家自称南翔小笼的包子
店，从南翔镇上古猗园的吃到城隍庙
的吃到富春的佳佳的，这家跟那家的
确有一点分别，但分别又确实不是那
么大：皮薄均匀得略为透明，拎夹起
来里面的汤汁晃悠晃悠的，咬开来先
小心吸吮烫嘴汤汁，清鲜可口，然后
一啖连肉带皮，未满足的再拎起一个
又一个。

当吃过这家那家这种馅那种料之后，
如何挑出其中一家放在前列首选呢？
就像这家从上海友人口中闻说不错的
石记，去了两回，一回在黄昏一回在
晨早，两回都碰上几个附近的初中学
生在喳吱活泼开心吃喝。能够吸引到
惯吃快餐汉堡的小朋友们长期光顾，
也是有相当功力甚至是一种功德吧！
而且除了平常的鲜肉和蟹粉，有我更
喜欢的香菇鲜肉、蛋黄鲜肉和笋丁鲜
肉作馅，我也不客气地吃罢一笼再点
一笼，都在水准以上而且相比外头的
名牌简直便宜得多。卧虎藏龙的有为
街坊小店还是有的，就看大家的细心
发掘和用心支持了。

先天对馅内乾坤很有情结的我，
当然乐意逐次一一试过这一笼又一笼。

这里的虾肉小云吞
小小一碗也很不错。

认识到上海朋友吃馄饨吃油豆腐粉丝汤时候最爱下一点的鲜辣粉。

万寿斋

A 虹口区山阴路 123 号（四达路吉祥路间）
T 1331177328（外卖手机）
H 05:30-22:00

胆敢星期天一大清早去吃万寿斋，就是为了要跟四方八面慕名而来的各路为食朋友共聚一室，结果去到还是挤不进店里去。幸好作为地头蛇的阿花眼明手快，在店门口口露天的一桌先占了一个位置，然后一个一个位置地吞并成一桌。我们点的味道偏甜浓的鲜肉小笼，用上碱水皮子包的小馄饨，馅里有猪肉虾肉和榨菜的三鲜大馄饨终于有桌面安放。开业几十年到如今，能够守得住内容风格大概已经是食客们的福气。

汤圆之外，美新的春卷也是吸引顾客常来的卖点。外皮金黄薄脆，内馅鲜香甜爽。

黄耶鲁
Aroom
创办人

每次旅行归来，黄耶鲁总惦记着这一碗咸甜交织的美好汤圆，即使回到现实世界，它也有着让人安静心宁的魔力。趁早在店里吃完后，还不忘打包两盒冷冻汤圆，就算深夜在家也能随时亲近这滋味。上海小囡对汤圆永远有一份近乎执着的热情和钟情。（文：踏踏）

美新卖的宁波式汤圆皮薄馅足，细滑甜烫的黑洋酥（芝麻）馅最讨我欢心。

美新点心店

A 静安区陕西北路 105 号（近威海路）
T 021-6247-0030
H 06:30-18:00

作为在香港长大的半个广东人，汤圆当然不陌生，但从来都是作为午后点心以至晚饭后及宵夜的甜点，连咸汤圆也很罕有。所以当我的摄影师助手迪新第一次在早上时分在美新点心店吃到汤圆，而且还是鲜肉作馅的，简直喜出望外。本来他爱吃的汤圆是外婆亲手包的以粗粒花生作馅的甜中带咸香的味道，这下的突破让他好像打开了另一扇门，对汤圆皮的滑糯厚薄，对内馅的细致多变更有想象和期盼。当然吸引他和我的还有国营饮食店的独特氛围和美新点心店店招的几个跨越半个世纪的美术字体。

生煎锅贴 s39

A 徐汇区襄阳南路 435 号（近建国西路）
H 06:30-14:00 / 14:00-19:00

远在认识生煎馒头之前，我们这些从小在香港长大的吃货懂得的第一种上海点心是锅贴。为什么这些早期在外的上海馆子不卖生煎只卖锅贴？似乎从来无人探究。而多年之后我在上海问身边上海友人为什么既有锅贴又有生煎？内容其实都一样，难道只是造型差异？好吃的他尝试解释，指出爱吃皮子有更多酥脆以至焦焦口感的人多数更爱锅贴。而我决定要遵守的，就是吃锅贴那回纯吃锅贴，吃生煎只吃生煎，不做比较，对双方都表示尊重——出锅烫热，入口外皮焦脆，肉馅汤汁不少不多，这锅贴就是好。

钱小昆
2666 图书馆
合伙人

小昆没说这是全上海最好的锅贴，但却是他这十多二十年来从小吃大的锅贴摊子，感情附加值，比什么都厉害都好吃。这么小也这么破的一家店，师傅从清晨站在灶前就那么一锅一锅地煎，几两几两地卖，卖光就收摊，也不知什么时候一声令下，拆了就没了。

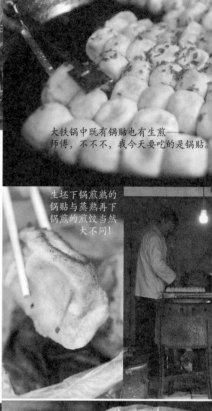

大铁锅中既有锅贴也有生煎——师傅，不，不，我今天要吃的是锅贴。

生坯下锅煎熟的锅贴与蒸熟再下锅煎的煎饺当然大不同！

粢饭 s40

A 徐汇区嘉善路 177 弄 1 号
H 早上 11:00 前

吾生也晚，赶不上老上海人家早餐时段随处都有"四大金刚"同时登场的年代了。所谓四大金刚，是大饼、油条、粢饭、豆浆。最原始最接地气的民间吃食，在这超速发展的功利社会中，卖不起价钱做不出规模就保不住水准就得面临淘汰。从前容易不过地在大街小巷花一角几分就可以吃到的两个或甜或咸大饼，一根现炸油条，一碗烫热咸浆，还有用糯米粳米配浸蒸好，包进油条、榨菜，咸香软糯扎实饱肚的一团粢饭，现在早起也勉强可以吃得到，但同一小地方不是四缺一就是缺二，点齐一整套又便宜又好吃的四大金刚真是有点难度。

粢饭握在手里烫暖烫暖的，只是油条和榨菜作馅就已经很正宗很好。

大清早手提粢饭边吃边逛，感受附近街区里弄民间真能量。

晨早起来就吃两个
鲜肉月饼，重口味
开始新一天！

张腾
财务总监

被身边友侪称作秋霞阁鲜肉
月饼荣誉代言人，懂吃能吃，
自小就住在附近的张腾经常
人肉快递这很为上海人争气
给面子的鲜肉月饼送予各地
好友。周日起个早给我们引
路，还有幸回到他雅致的小
公寓里把包子热了吃，贪心
多买了的半打鲜肉月饼就留
在他家了，反正他百吃不厌。

秋霞阁 w17

A 长宁区定西路 591 号（新华路口）
T 021-6280-3580
H 06:30-14:00（外卖时间）

小拳头一样大的混了肉末和酱油的烧
卖，是小学生上学路上边走边吃的。
烫热喷香的鲜肉月饼皮薄馅多，馅色
略深也是下了酱油增色调味的版本。
包子大大个，肉馅的素菜馅的梅干菜
馅的都皮好软馅好足，凉了回家重新
蒸热也不错。难怪每日从早上六点
开始就有断断续续的为食人龙，过年
过节更没有一两个小时排队轮候都买
不到你心头所好。

辦开油条蘸进这碗咸豆花，
趁热吃喝出晨早街头氛围。

吃完咸豆花，
碰巧遇上油炖子
开锅现炸热气登场。

咸豆花 s41

A 徐汇区襄阳南路 223 号（近永嘉路）
H 早上 11:00 前

仍然是小昆带路，在他熟悉的街区弄
堂口找到一家经营了有点时日有点
规模的早餐店坐下来开吃，"一次性"
吃到加了葱花、虾皮、榨菜末、香油
辣油的咸豆花，吃到了现炸的油条，
烤好还未凉掉的大饼，还有正在下锅
准备晚一点开卖的油炖子（也就是久
违了的曾几何时辗转到香港登场的炸
萝卜饼——只是香江版本少了一只耸
起尾巴的连壳虾），至于传说中作为
下午点心的松脆可口的唤作老虎脚爪
的甜烘饼就欠奉了，不晓得午后再来
会否有缘吃到？

Farine Bakery s27

A 徐汇区武康路378号（近泰安路）
T 021-6433 5798　H 07:00-19:00

晨早起来想穿越：旧的新的四大金刚可以引领你我与自家先辈打招呼，而再走两步来到武康路这个街角走进法语就是解作面粉的 Farine，在出炉手工面包和现磨咖啡的温暖香气中，在这个可以完全以法语对话的店堂里，时空挪移，你我穿越到某个连名字也念不出的法国小镇，吃着以当地有机面粉人工手作的实打实传统面包，从 baguettes 到 croissants 到 brioches，配上一杯用一台来自美国的 Slayer 咖啡机打造的 espresso，临窗看着梧桐落叶，看看三十秒后谁从街角拐过来？

Farine 面包店是小巷里 Franck 法国餐厅东主的又一用心项目，后工业室内装潢请来沪上红火设计组合 Neri & Hu 打造。

半岛酒店大堂 The Lobby n29

A 黄浦区中山东一路32号
T 021-2327-2888　H 06:00-11:00（早餐）

像我这种早起的鸟，最喜欢坐上第一班起飞的航班回家或者到另外一个城市开始新的一天，所以我也经常是酒店大堂餐厅第一位吃早餐的客人。作为香港人，半岛酒店熟悉不过，勾留在酒店的几天早已放松舒坦有若在家。而离开的这天早上，晨早六时走进餐厅，大堂正中自助餐桌已经备妥新鲜出炉的牛角包、法棍、酥饼、小蛋糕，而冻肉、烟三文鱼、酸奶、新鲜水果也都一列整齐排好。侍应长精神奕奕，把我引进昨天早上坐过的位置，清楚记得我前天和昨天吃的早餐主食，礼貌地轻声问我今天打算来点什么？在西式的热麦片、蛋卷、薄饼和中式的粥面、小笼包、煎饺和豆浆等等美味中做了选择——我最喜爱的班尼迪克蛋和伯爵茶在几分钟后就热腾腾地端上来了。我们最珍惜的服务水准和态度，在这里分秒秒地虔诚坚守着。

多少人慕名前来吃这据说全城最好也最贵的牛角包。

懂门道的看面包外表裂纹走向和内里孔洞大小就能辨识此家师傅对发酵和烘焙技术的拿捏程度。

全部由法国进口的有机面粉是店堂里安静风景。

晨早一抹最叫人兴奋的颜色

上海 Art Deco 风格在这个用餐空间里得到最典雅华丽的体现。

在美国长大，啥完经济学和东亚历史学，再进修厨艺成为厨师的 Austin，落地上海后矢志精选采用时令的中国本土食材研发自家特色菜肴。

本甜甜圈配肉桂糖粉，如何抵挡？

坚持自家制的黑毛猪香肠配芥末酱，为整个早午餐剧目添加故事细节。

Aileen
小学生

先是认识小女孩 Aileen 的嘴馋爱吃的妈妈，然后怂恿地把女儿也带出来：叔叔要请她吃花生酱及果冻圣代啊！

怎知小女孩早是 Madison 的常客，在我们这几个新客人还在兴奋地拿着手机抢拍端上来的这道那道菜，Aileen 已经二话不说直奔主题享用她的周日甜美了。现在的小孩真幸福，年纪小小就得知什么是高标准好手艺，有了这些为食新一代来为上海的饮食大事业把关，我对未来还是看好的！

非一般 egg benedict，配的是重量级猪手肉饼！

周日放纵，谁怕鹅油薯条！

Madison s7

A 徐汇区汾阳路 3 号 2 号楼 1 楼
（近淮海中路）
T 021-6437-0136
H 11:00-16:00（周六／周日）

作为 Madison 老板兼主厨 Austin 的忠实读者，他在饮食杂志上发表的之前在美国各大餐厅厨房的实践经验和落地上海后对本土食材的追寻心得，每回都叫我看得心花怒放拍案叫绝。就相片看来，Austin 的"分量"也足够叫人信服是位爱吃得义无反顾的家伙。当我很不好意思地跟身边上海老友透露我一直错失机会亲尝 Madison 的美味，她就马上摇了一通电话，订到的是两个星期后周日的早午餐！

中午前拖男带女地来到已经快要坐满的餐厅，挑高的店堂里热闹的集结着为食一众。环顾四周台上，宽口玻璃杯的 Bloody Mary，白瓷大杯的辣味香料巧克力看来是必点，蛋黄耀眼的嫩煮蛋配猪手肉饼配松饼加荷兰汁，脆皮虾仁汉堡配辣味蛋黄酱，传统汉堡配车打芝士和藏红花蒜味蛋黄酱，自家制黑毛猪香肠配芥末酱和鹅油薯条，还有洒满肉桂糖粉的现炸甜甜圈，法式吐司配香蕉和燕麦脆粒，烤饼配奶油和自制果酱，一一都是食客首选……

只想无限期延长我在上海勾留的日子，有许多许多个周六周日可以把 Austin 的创意演绎都一一品尝，还可边吃边跟这开心大厨交流为食心得，有心便有所得！

一面之缘

作为在香港土生土长的为食小朋友，我的第一碗"上海面"当然不是在上海吃的。

香港九龙弥敦道上曾经有过一家上海菜馆"满庭芳"，自小带我到那里的我的外公外婆聊胜于无地缅怀再尝他们年轻时候在上海生活的老好味道。记忆中大菜不常吃，吃的都是午后傍晚的点心如锅贴、面条、酒酿丸子等等，当中有一碗酸辣面最得我心。跟一般有肉有笋丝木耳丝蛋丝成羹状并加有大量胡椒粉和醋的酸辣汤没有任何关系，倒像一碗上汤里加了醋和辣油撒上葱花少许雪菜的红汤挂面，只此一家，日后在哪里都没法吃到。此外常吃的就是有肉丝和大白菜和酱油一同煮就的"上海汤面"或炒好的"上海粗炒"，吃到青菜煨面和嫩鸡煨面已经是后来的事——所以凭直觉，自知自小吃到的"上海面"应该都不太正宗，那就更对终有一天能在上海吃到真正的上海面很有期待。

终于迟迟在千禧年后才第一次到上海，第一趟入住的洋房小旅馆竟就在外祖父母当年居住的法租界的同一街区。第一碗吃到的面是旅馆管家上海阿姨做的家常不过的葱油开洋拌面，之后因工作关系频密来往之后，德兴馆、老半斋、沧浪亭、夏面馆、吴越人家都一一吃过，而阿娘面、兰桂坊、杏花楼、老地方、味香斋、香阁丽等等都闻名未见面。当然在上海吃面多了，也慢慢得知哪些是苏帮面食哪些是杭帮系统以至扬州派别，至少学懂要求一一都汤宽料足，面够筋道。面痴如我于气定神闲地把阳春面、葱油开洋拌面、咸菜肉丝面、刀鱼面、三虾面、黄鱼面、麻酱面、凉面、焖肉面、大肠面、腰花面，一碗又一碗的吃过来吃下去……

老地方面馆 s13

A 徐汇区襄阳南路233号（近永康路）
T 021-6471-0556
H 06:30-10:00，11:00-14:00，
　　17:00-19:00（双休日，晚市休息）

当我们在上海的地铁站台以及车厢里相互挤压得晕头转向，因为要"抢"到一个座位而神经绷紧随时要与竞争者语言碰撞——稍安勿躁，这完全是日久培养出来的一种挣扎求存的本能。而我十分相信，这是从每朝早餐开始，在街弄拐角的面店馄饨铺汤圆店包子店的拥挤窄小店堂里，在吆喝争吵声中，在身体极度扭曲和收缩中训练出来的。其实大家已经十分忍让了，起码在吃罢一定要吃到的那碗大肠面或者虾肉小馄饨或者芝麻汤圆前，还是得保持最基本的文明仪态。

我就在这家久负盛名的只有不到二十个座位的街坊小面店里亲眼目睹一个粗鲁胖汉和大家一样等了半小时座位后终于可以坐下，过了五分钟就开始嘀咕着为什么他点的面还没来。由于他身体占的室内空间较多，怨声也不慎被老板娘听到，一向把暴烈与温柔控制拿捏得十分到位的老板娘就不留情面地把这胖汉骂得一脸屁。胖汉一脸委曲一言不发，乖乖地吃完那碗在十来分钟后终于到口的麻酱面加炸猪排，在离桌挤出店门前才忽地转身向店堂里正忙碌着的老板娘和一室食客破口大骂——用的是上海话，所以我听不懂他到底在骂什么，但一室人当然包括老板娘也若无其事地各自在吃在喝在营生。想来这个胖汉也颇聪明踏实，怎么也要吃完那碗好面才宣泄爆发，否则一早就被老板娘扫地出门，嘴馋饿肚可不是一件过瘾的事。

如此挤拥碰撞求食的经验在这里多的是，姑且把这作为一种不可或缺的环境氛围，一种格外有滋有味的全方位饮食经验。

趁热把葱油拌面拌好，窸窸入口油香四溢，面够筋道！

芥菜墨鱼面是清爽选择，现炒浇头的爆三样面绝对香浓重口味。

过午就卖光的炸猪排，不裹面粉只蛋糊，猛火滚油炸就，厚软烫热，洒上泰康黄牌辣酱油大咬入口。

一人满足吃罢一整碗麻酱面，恕我未能与你分吃咯！

小牛汤是招牌特式，牛肉薄薄几片，甚有嚼劲。

大排面也是这里最受欢迎的出品。

味香斋 e11

A 黄浦区雁荡路 14 号（近淮海中路）
T 021-5383-9032
H 06:15-21:00

不知怎的经常把老地方面馆和味香斋给混成一体，大抵因为店面都是小小的，装潢破破的，卫生环境也很一般。更相似的应该就是从早到晚川流不息的人龙，当中大多都是那种像我一样怎么也得挤进去吃一碗面才心满意足的吃货。

当然，味香斋是国营老字号，据说已有八十多年的历史。但上海民众最实际，好吃又便宜才是关键才会拥护。像每回来这里必点的是一碗酱料香滑浓稠得必须努力拌弄匀妥的麻酱面，带着咖喱鲜呛的滚烫小牛汤，添一块肥厚焖蹄加料，又贪吃同伴的辣肉面……门外排队人龙愈见汹涌，面前的这碗面这碗汤就愈觉滋味——说来得知这家老店，也是一位素未谋面的友人通过微博提供的资讯，好面传千里，为食万岁！

上面坊酥鸭面

A 长宁区东诸安滨路 178 号（近江苏路）
T 021-5237-6636
H 10:30-14:00 / 17:00-20:30

其实在我们日常生活的每一街角至少
都得有一家或以上像上面坊这样的面
馆。低调，不张扬造作，卖的就是那
么简单专一的由一种主要食材几种配
菜加上面条主食，不费吹灰之力的演
绎出厉害架势，以精简胜复杂，讨平
民百姓衷心欢喜忠心拥戴——本以为
这样的店家早已消失殆尽，直至走入
这里吃得一碗酥鸭面。

当然你得真心喜爱吃鸭，因为这里卖
的也只有鸭。以幼棉绳分别扎好鸭头
鸭颈鸭掌鸭翅，还有鸭腿和大块鸭肉，
以大锅原汤把鸭体各部分熬炖得酥软
入味，分碗上桌，一啖入口清鲜不膻。
配套可点拌面或汤面，更附百叶包及
青菜——贪心如我一定约同几位好友
到来，先行替大家都点上不同部位，
那就可以六神合体来顿全鸭宴咯。

爱吃懂吃的一定点这款套餐，
而且要独占鸭头！

干拌面、汤面，悉随尊便。

不可错过的百叶包肉，
踏实贴心家常口味。

店内店外根本就没位坐
索性端面立食好夸张。

大肠面 ⓔ19

A 黄浦区复兴中路59号（吉安路东台路间）
T 021-6374-4249
H 09:00-19:00

早年初到上海只因名字好玩而误打误撞的点了一道"草头圈子"，方知道"圈子"就是猪大肠肥硕粗壮的直肠部分。就像在台北要吃大肠面线，在潮州要吃卤水大肠，在成都要吃干锅肥肠，在山东馆子要吃九转大肠一样。每回在上海吃这圈子也吃得不亦乐乎，不过偶尔自己一人用餐，无法点上一盘草头圈子，我就有了新的目标：来一碗大肠面吧。

这些年来吃过这家那家不下几十碗大肠面，最最夸张、兴奋、过瘾、热闹的莫如这家直接以"大肠面"三个醒目大字做招牌的面馆。

吃过了这么多回，没有一次是成功挤得进店堂里吃的（当然店里的环境也不是每个人都情愿坐下）。反正大伙都在路边等，短则十来二十分钟，长则个多小时，愈是兵荒马乱，愈要把这一碗大肠面吃到，索性就在露天当众吃得一口滑腻香浓。我一直的选择都是大肠配咸菜和烤麸，要干拌不要汤面，面要偏硬——有回还点双份大肠，有回加了一片焖肉，真的是腻死方休！

庄哈佛

Aroom
创办人

与老友和身边伴创办了叫国内外一众小清新趋之若鹜的生活概念店 Aroom 的庄哈佛，私底下如我一样其实是重口味。单凭他经常不顺路也会绕个圈去吃上这家这一碗大肠面，就足以证明口味一旦养成就恐怕陪伴一世。当然我们也公开互勉，一年半载痛痛快快吃它一大碗也是无可厚非的。

我的经典配搭，
大肠咸菜烤麸干拌面！

经过后厨多重繁复手续清洗，
滚烫、冷漫、卤煮，
依然保持大肠的肥厚酥韧鲜美浓甜，
殊不简单，难怪天天长龙。

心乐汤面馆

A 虹口区武昌路581号（近江西北路）
T 021-6324-1817
H 07:00-20:00

在店堂里挂得出"海上第一肠"这一块典雅得体的书法牌匾，可见得店家对自己现炒的大肠浇头还是信心满满的，既是骄傲也是鞭策自勉，说得出也就该做得到。

这小小面馆至少也有上二十年的历史，卖的是苏式的汤面，红汤底白汤底都有，浇头现炒的一白瓷碟随汤面另上。除了招牌的大肠面，猪肝、腰花也很受欢迎。街坊邻里和慕名而来的都安安静静在低头吃喝，邻桌爷爷奶奶喂着小孙儿一口一口吃面，是我所见最好的饮食文化家庭教育。

点一碗辣肉丝面配一盘炒腰花，炒来鲜嫩正是其过人之处。

唐奕影
餐饮从业者

阿花是上海友人中既能四出行走觅食又能把关掌厨的佼佼者，多年来嚷着节食减肥一直开怀吃喝。心乐的腰花面在我认识她的第一天就一直听她反复赞颂，终于由她亲自引领到此体验。平民吃食做出如此稳定水准实在最安抚人心。

真如羊肉馆 w2

A 普陀区寺前街1号（近兰溪路）
T 021-5266-5100
H 06:00-22:00

跑个老远来到真如街区吃一碗红烧羊肉面喝一碗羊杂汤，就是冲着相传始创于二百多年前清乾隆年间，几番辗转易名合并联营到今叫作"真如羊肉馆"的老字号。这里驰名的白切羊肉，是镇上农民在冬季自制自吃的滋补食品，用上自家饲养的山羊肉在陈年老汤中不加有色调料以慢火烹煮。而红烧羊肉亦称生糟羊肉，以活宰山羊连皮带骨切成方块，按规格用草紧扎入锅，在老汤中焖得卤浓肉嫩，鲜糯肥酥，连肉带面带汤吃得一身暖呼呼好过瘾。

足料羊杂汤，吃喝得淋漓痛快。

羊瘾如我，在此完全无防范抵抗之力。

笑说浇头炒出来每碗都是同一个卖相，一箸下去才知这是猪心哪是猪肝。

汪海滨
IT 人

小学中学时候家住附近，海滨见证这街坊传奇的起伏重生。重口味习惯从小养成，即使现在搬到别区工作生活，还是隔些日子就会跑回来吃个大汗淋漓。海滨慨叹这些家常特式食肆其实在三五年前还真不少，但大小街区急剧改造迁拆就断了这觅食的脉络和兴致，也造就了仅存下来的忽然成为经典。

用上压过两趟，筋道更好的粗面，与猪下水浇头配搭，更见粗犷豪迈。

香辣酥麻的凉面与抄手连回想一下都会冒汗！

乳白汤头挂在面上等着嚓嚓入口！

卢大姐在后场烧菜，二姐则在前场打点。

香阁丽面馆 e30

A 黄浦区丽园路 501 号（近局门路）
T 021-5302-5152　H 24 小时营业

每碗面背后都有故事的话其实是很累的。但在传奇特别多的上海，大家也是乐此不疲地创造着、转述着、八卦着、评论着一个又一个名字的兴衰起落——1987 年开业的老店也就在这附近的街区。又小又脏的，现炒浇头面上的全是卖不起价钱的猪下水：大肠猪心猪肝猪腰应有尽有。姓葛的店主"缩头"因为残疾被分配到菜场卖肉，所以对处理猪内脏别有心得。开面店后用的是老上海家常浓油赤酱的做法，配上清甜大白菜丝，浇上料酒兜炒，吃来下水鲜嫩脆滑，特别订造的手工面又够筋道，当然受到坊众热捧。中途因动迁关门了好些日子，令捧场客怀念不已。重开后转成廿四小时营业，正名"香阁丽面馆"，一样红火，每日卖个二千碗面，传奇继续！

卢大姐简阳羊肉汤 s38

A 徐汇区龙漕路 63 号（近漕溪路）
T 021-5464-0185　H 10:00-23:00

上海秋冬天气湿漉阴冷，浑身湿重不自在。冒着微雨走到友人介绍的卢大姐简阳羊肉汤，赶及在午饭人潮拥而至的钟点前坐下，各来一客她每趟必吃的羊杂汤、羊肉面、四川凉面和红油抄手。仗赖宋美龄女士的因缘关系，经她从美国引进"努比羊"，与简阳"土山羊"来了一趟中西杂交变种而成为"简阳大耳朵羊"。细滑肉嫩，肥而不腻的羊杂汤，入口下肚顿觉温暖，而幼细丝面挂着鲜甜汤头嚓嚓入口，再夹一片嫩滑羊肉，简直锦上添花。再吃凉面和抄手，四川的香辣酥麻令我满头冒汗精神一振湿气全消。好奇地问一下从四川来沪的老板娘是否就是卢大姐本尊，她友善微笑回应说她只是二姐，真正卢大姐正在后厨忙碌埋首准备应付午饭人潮呢！

（文：陈迪新）

老半斋 n18

A 黄浦区福州路 600 号（近浙江中路）
T 021-63222809
H 06:00-14:00 / 17:00-20:30

百年老店人气鼎旺。

自认嘴馋的有否试过，当你特地慕名
远道而来为求一解口瘾心瘾的时候，
遇着餐厅东主有喜请吃闭门羹？或者
你所想吃的都大卖特卖火速售罄，又
或者食材季节未到未能应市让你抱拥
尴尬失望？说的是这趟前往百年淮扬
菜老店"老半斋"。早听说其镇店名
菜刀鱼汁面，做法是把长江三鲜之一
的刀鱼钉在木制锅盖上，以大火烧沸
小火焖蒸，除鱼骨以外，鱼肉都变成
酥烂统统都掉下锅里，跟锅里的咸肉
老母鸡河虾猪手等等好料熬制成鲜味
浓稠神秘诱人的刀鱼汁。也有的说只
须把刀鱼以纱布包好，入锅煮烂成汤
不过如此，食时只需加一两手擀面
条就成了闻名的刀鱼汁面。这回果真
像刀鱼汁面般不见鱼踪只有光面一团
——原来此面只在清明前半个月才每
天供应五百碗！不打紧，幸好还有香
滑入味的肴肉面，肉质鲜甜实在的狮
子头，还有身旁大妈也推荐的软绵菜
饭，都可一解嘴馋。

（文：陈迪新）

狮子头做得香甜滑嫩，
下饭最实在。

兰桂坊酒家 w14

A 长宁区娄山关路 417 号（近仙霞路）
T 021-6274-0084
H 11:00-21:00

闻名不如见面，见面也得看是否在对
的时间。

究竟第一次到一家餐馆该是在人家最
忙的中午或晚上饭点时间，还是在人
潮稍退，服务员不是忙得焦头烂额的
时段呢？我等习钻挑剔但其实又体谅
关照的食客，本来就是难搞怪胎，所
以在这个店堂拥挤得插针不下，人如
流水的午饭时候，吃到凉了硬了的炸
排骨，指甲点儿大的黄鱼煨面，还可
以的爆鳝面和蟹粉面，我们还是相信
这里本有底气，好，会再来。

黄健和
出版人

我的台湾老友健和除了他的
出版和策划正职外，还有一
个更重要的身分和使命，就
是要骑自行车自行去吃面，
驾车载我去吃面，以吃遍天
下名面为我们共同的奋斗目
标！每到一个城市自家吃的
第一顿一定是面。这回吃得
不太爽，神情有点落寞。好，
再给大家一个机会。

名声在外，黄鱼煨面
一直是这里的主打。
雪菜成茸，汤头奶白，
味鲜而不腥，
就是鱼片长不大。

生意红火，足够资源改进。

54

饭点时间，小小店堂里挤满订取盒饭的客人。

贪心的再点了一大块肥腴香甜的红烧肉，见识了外号"长脚"的老板的热情关照。

粗粮做的馄饨皮，厚实有嚼劲。

此店不止一档电视节目介绍过，不少老外也是回头客，传奇因此诞生。

富祥面馆 n5

A 虹口区武进路 244 号（近乍浦路）
T 021-6357-3946
H 08:00-15:00

如果不是为食老友带路，我是会被一路走来工地一般的环境吓得却步的。也担心在这拆拆建建的过程中，这些价廉物美的"良币"会否很快就被不知所谓的劣币驱逐掉了。但从老友明亮坚定的眼神看来，至少也要珍惜当下吃上这一顿。

果然是名不虚传的黄鱼面啊！小小黄鱼整条去骨一分为二，糊上粉炸过，一碗五六块嫩滑鱼片少不了。鲜浓的面汤中有雪菜和笋丝，面条略软，一箸挑面一口吃鱼喝汤，够痛快。

三林塘馄饨店 n11

A 黄浦区江西中路 416 号（北京东路口）
H 06:30-18:00

当我们都被那些雅致纤细的餐厅装潢，轻巧玲珑的餐具宠坏过，猛一回头身处这朴实得毫不起眼的街角店堂中，木桌木板凳，端来的粗拙瓷碗中就是那厚实的几只"黑皮"大馄饨，咬开劲道外皮，馅料是鲜甜结实的菜肉。

从手脚利落的端菜阿姨到在灶台前专注下馄饨下面的小伙，都有一种开心工作热情好客的态度，绝对比这碗饱肚馄饨还要矜贵难得。

第二章之三

本帮什么菜?

小时候一直只知有上海菜，跟着家里长辈去上海馆子已经是跟平日粤菜口味很不一样的开心经验。六七十年代香港市面一般吃到的上海菜，进店有冷盘专柜，烤麸、素鹅、肴肉、熏鱼、炸凤尾鱼、酱田螺等等一字排开；铜锅里小火煮着的有油豆腐粉丝、百叶包酿肉，懂得点的菜也限于红烧狮子头、糟溜鱼片、赛螃蟹、蜜汁火方、红烧圆蹄；汤的话从轻一点的酸辣汤，重一点的腌笃鲜、大汤黄鱼、火膧鸡炖大排翅只在宴席上吃过一回；点心就是素菜饺、鲜肉锅贴、葱油饼；甜品就是豆沙锅饼或者八宝饭。这样没有变化的吃喝了十来二十年，才得知上海菜还有更严格的上海本帮菜的称谓，也有海派菜的说法，不由得怀疑起自小吃的有多正宗有多上海?

终于有机会往返上海，开始一步步进入浓油赤酱的大环境。其实上海最早也只有土生土长的本地菜，没什么帮别之分。菜馆的三种原始类型中，第一种是经营经济实惠的便菜便饭加少数热炒，如咸肉豆腐、肉丝黄豆汤、草鱼粉皮、八宝辣酱等等，亦提供一菜一汤一碗饭的"客饭"。第二种是大中型菜馆经营炒菜及"和菜"，最高级的和菜有八大菜、八小碗、十六圆碟、四热荤、四点心，很有派头。第三种就是经营喜庆祝寿鲍参翅肚筵席的高档菜馆。

自 1843 年开埠以来，徽、苏、锡、杭、广、京、川、湘、闽等等菜系菜馆相继入沪，形成了饮食界百花齐放的繁荣局面。上海酒菜业同业公会也因此分别成立了"本帮"、"苏帮"、"徽帮"、"广帮"、"京帮"等等分会，方便管理各帮菜馆。本帮菜馆除了坚持取用本地食材，擅长"红烧"、"生煸"、"煨"、"炸"、"蒸"、"糟"等烹调方法，也逐渐吸取市场上已成气候的徽帮菜、苏帮、锡帮、宁帮菜的烹调技术精粹，不墨守陈规地推出一店多风味的组合，让本帮菜在原有的基础上更包容开放。上世纪五十年代陆续在香港开设的上海菜，提供的就是这类不以本帮为名的但也没有向粤菜口味靠拢的原味菜式。

1949 年解放后一众老字号熬得过公私合营，熬不过文革，崩裂断层元气大伤。及至改革开放后走上市场经济主导的路，上海本帮菜的格局规模，又从一般家常内容口味朝向更精巧更功利更结合潮流变化的方向。

人在上海，从标榜妈妈的外婆家口味的街坊小馆，到强调私房独家吃季节吃时鲜的格调小馆，到自设农场耕种养殖，讲究排场食器环境装潢的尊贵档次，一路吃来，说实话，用心就好，好吃就是，已经不再特别计较什么才是上海本帮菜。

老吉士酒家 ⑤31

A 徐汇区天平路 41 号（近淮海中路）
T 021-6282-9260
H 11:30-14:30 / 17:30-21:30

每个城市都该有一家私下认定为饭堂的餐厅，人在上海，想吃一顿安心稳定的上海本帮家常菜，不作他想就是老吉士。

想来多年前初到上海，第一顿晚饭就被请到老吉士。自家座中，邻桌，邻桌的邻桌，每回都有认识的台湾朋友、香港朋友，全国各地为食来到上海交流的同道。所以唯一怕到老吉士的理由，就是在小小的店堂里一下子要跟太多人 say hello。

如果你对上海本帮菜的认识还是浓油赤酱四个大字，我建议你找另一个角度入手，找一回花点时间只吃老吉士的前菜（老板不会不高兴的吧），从最传统的咸香入味的咸鸡，甜糯软腍的红枣桂花糖糯米心太软，清香爽口的马兰头卷，咸鲜惹味的虾子酱冬瓜，刀工和调味都一样细致的蒜泥白菜拌肚丝，还有还有貌不惊人却吃不停口的腐竹炝蘑菇，热腾腾臭哄哄的虎皮臭豆腐，吃罢真的要中场休息。

接着的正题主菜就真的要请出油亮味浓的炒鳝糊和墨鱼红烧肉加蛋，好让大家有真的在上海的感觉。我坚持每回都点的鸦片鱼头上来是"杂草"一大盘，炸过的细葱上下包抄着以盐及香料腌了几小时的比目鱼头，烤出来香气十足，配上花雕吃喝到连杂草也想吃光光。

老吉士只此一家，英文店名叫 JESSE，真的很上海很上海。

第一回吃到虾子酱冬瓜，被这清丽爽相吸引住，懂得把简单食材做得如此惹味，殊不容易。

马千山
花艺设计师

祖籍上海的老友马千山有如家人最知我心，每逢我策动家宴的时候，就会亲自花时费事以一大锅糖醋排骨和上百只手工西洋菜肉馅馄饨撑场打气，一众新朋旧友都知道我的厨房里还藏着这位真正厨艺高手。近年奔波于内地城市工作的这位花艺达人路过上海，当然要在老吉士小聚一下，以他的心灵手巧，下回我该能在他或我家里吃到他下厨做的鸦片鱼头。

没有吃上这计甜肉腍的红烧肉，等于没来过上海。

有此绝妙鸦片鱼头，万万不能禁！

精致前菜不可错过，
又开胃浅尝不要吃饱
了主餐。

全心全意品味两头乌，
不要辜负那长期饲养的心血功劳。

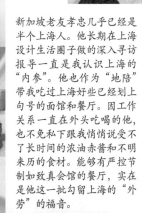

致真会馆 s24

A 徐汇区淮海中路1726号7号楼（近宛平路）
T 021-6433-2882
H 11:00-13:30 / 17:00-21:30

早就听闻上海有"致真"，旗下的致真酒家、致真会馆、致真汇都是在饮食媒体上经常见报，老饕朋友们推荐必到一尝的餐馆。更引起我兴趣的是老板徐氏父子对食材选择的严谨用心，不但到全国甚至全球各地寻访最好的食材，从海参、花胶、走地鸡、大闸蟹，到梅子、海盐、酱油都一一讲究，更自斥巨资自建农场饲养皮娇肉贵的国宝级猪种"浙江两头乌"，自配饲料高成本慢养。蔬菜当然也大部分由自建农场所出，供自家应用。这回得到沈宏非老师指点关照，终于订到致真会馆的厢房好位，主题就是"两头乌"。

前菜出场已经叫座中一众无法淡定：现做素鸭豆香扑鼻，醉鸡肉细入味，野生子鱼（凤尾鱼）酥脆甘香，油爆野生虾更是鲜嫩无比……一切都为两头乌的登场做好暖身。

叶孝忠
作家

新加坡老友孝忠几乎已经是半个上海人。他长期在上海设计生活圈子做的深入寻访报导一直是我认识上海的"内参"。他也作为"地陪"带我吃过上海好些已经划上句号的面馆和餐厅。因工作关系一直在外头吃喝的他，也不免私下跟我悄悄说受不了长时间的浓油赤酱和不明来历的食材。能够有严控节制如致真会馆的餐厅，实在是他这一批勾留上海的"外劳"的福音。

主角登场先来几片两头乌顶级咸肉，凝脂与精肉均匀层叠，细嚼出甘腴咸香，先声夺人。再来的两头乌红烧肉油亮酱赤，皮肉夹起来颤颤巍巍地入口，果真酥而不烂肥而不腻，相伴的百叶结也饱吸肉汁精华，简直绝配。欲罢不能再上的是两头乌走油肉，充分体现久违了的上佳猪肉的鲜美品质。主题部分的漂亮句号是一客两块特别让我们分吃的两头乌猪排，一是香煎一是葱烤，都是脆嫩鲜甜的极致。当然席上还有其他好菜如元宝煎红虾、红烧狮子头烤菜心、虾子鱼片、油焖冬笋等等，我们已经在讨论如何把美味打包回去做好明天的早饭和午饭便当了。

能够有这样花得起时间另辟蹊径，用心经营的酒家，叫我们吃得安心尽兴，真真好。

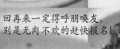

回再来一定得呼朋唤友，
别是无肉不欢的赶快报名！

豪生酒家 s32

A 徐汇区广元路 156 号（近天平路）
T 021-6282-6446
H 11:00-14:00 / 17:00-21:30

这是毛姐的私房小馆，可我们都说它是国际友人的饭堂。听听邻桌飞舞着的日语、韩语、英语、粤语和夹带台湾腔的国语，它真的是一个小圈子里的传奇，不张扬不高调，却永远让来客安心。

这份安心其实得来不易。当年我慕名前往却因为没有订位而吃了闭门羹，后来又几次三番因高朋满座而预订不到，好不容易轮上我吃了第一顿，却从此喜欢上这随意自然的氛围，美味用心的食物，以及个性十足的老板娘毛姐。

没有固定菜单，也好，我可以安心地交由毛姐发办，由她安排搭配菜式，完全能兼顾到菜量，荤素和浓淡口味的层次。清蒸子鱼、麻油素鸡、薄切猪肝、八宝鸭、酸菜炒大肠，都是雷打不动每次必吃。又如糟溜野生黑鱼、枸杞叶、宽韭菜等，也是花尽心思的时令菜式。每一样食材都精挑细选，连调味品也都是毛姐旅行时带回来或者在各进口超市选购的上等货。说是家常的上海小菜，可丝毫不浓油赤酱，反而是清清爽爽的美味，又符合现代健康的饮食观念。

毛姐很勤力地在外场招呼食客，间隙中还会自个儿喝几口啤酒。劲头上来时，就一手握着酒瓶一手拿着酒杯跑来给大伙儿敬酒，言谈笑语间，大家已经成为了朋友。

大伙儿也都懂，来豪生吃饭有规矩：不拍照、不写点评、不发微博。我现在这么一写，下回该我向毛姐主动罚酒三杯。　　　　（文：踏踏）

Grace Chen
璞素品牌
创始人

与 Grace 认识是在"璞素"店里，她好客地给我们慢慢泡茶，细细聊天。原来世界真小，相识朋友都连成一线。就像她跟搭档燕飞也喜欢的豪生酒家，都是由我们均认识的朋友推荐的。说起家常味道，无论在家在外，Grace 都开始了半素的习惯，好让自己头脑更清晰精神更集中。这个取舍过程中的其中一个关键就是精简，就如我们身处的店堂小小的豪生一样，有就有，没有就没有，毫不啰嗦。

清清爽爽的私房菜，是友侪间不愿张扬的小秘密。

还是愈简单愈讲究，蒸一条鱼尽见功夫。

薄切猪肝一来，叫馋人如我大中午都想喝一杯。

去了骨的葱烤大排
松化衔霜够嫩糯的!

下班一同在"家"开餐!

不要看这鸡骨酱
黑乎乎的,
甜滑咸香,
下饭正好。

面拖黄鱼外脆内软,
一看是每桌必点!

雪菜墨鱼卷,清爽和味,
又是下饭好菜。

海金滋酒家

A 黄浦区进贤路240号(近陕西南路)
T 021-6255-0371
H 11:00-13:45 / 17:00-21:30

童年记忆中最亲切的莫过于外婆包的菜肉馄饨,馄饨足料葱花酱油汤头好吃至今也让我记忆犹新垂涎欲滴。在上海逗留六周寻吃这期间,最令人难以忘怀当然是有着外婆家感觉的本帮菜味道,拍摄工作一路进行到天黑,饥肠辘辘地来到进贤路上这家海金滋,赶快点了葱烤大排、酒香草头、红烧带鱼、咸肉百叶结汤——边吃边放眼望向热闹满座的店面,发现对所谓"外婆家味道"的回响都是来自我们年轻这一代。天天都在外头上班上学上线,勉强有空能自行烧菜的,都只能是省时贪便在连锁店家买现成菜色回家翻热就算,哪像外婆般花时间花耐心把最好最新鲜的菜烧好让孩子孙儿回家便吃?所以能吃出一种想家回家的感觉,就是"本帮"我家真味道。

(文:陈迪新)

兰亭餐厅 e7

A 黄浦区嵩山路107号(近太仓路)
T 021-5306-9650
H 11:00-14:00 / 16:30-21:30

有些时候很害怕排队等位,有些时候不。感觉店对的话怎么也该等,心情就好,愈饿愈要等到夹起一箸菜吃到一口饭。

觅食经验中第一次顶着寒风站在兰亭门口翻着店老板递过来的餐牌,把要吃的一一点好:鸡骨酱、面拖黄鱼、糖醋排骨、雪菜墨鱼卷、清炒虾仁、清炒米苋,再来碗酸辣汤。四个人该够吃了,老板笑着说,够了够了,你点的都是招牌菜。

然后我们还是等了大半个小时才挤进这干干净净的小店里,边吃边说:赞!

阿山饭店 w20

A 长宁区虹桥路 2378 号（近动物园）
T 021-6268-6583
H 11:00-13:30 / 18:00-21:00

看来我们已经到了一个不会随便轻易闯进任何一家餐馆进食的时代了——这未免对我们该有的好奇心和冒险尝新精神是一个打击。就如"阿山饭店"这样小小一家以上海乡下本帮菜起家的饭店，开业二三十年来也得背负着成百上千份美食评论推荐，成千上万次微博转发，各地电视台专访纪录片专题连番拍摄等等。我们在闻讯蜂拥到此要一尝究竟之前，早就清楚认识原名薛胜年的这位饭店老板小名阿三，为把名字喊得更响更有力就叫"阿山"。也知道这位当年大叔如今伯伯是上海第一批由农民转型的个体户，就凭自小在家里灶前，在奶奶和妈妈的指点下琢磨出来的厨艺，大胆地从一份只售三角五分的肉末豆腐做起，小本经营薄利多销，真材实料没花俏噱头地以最地道最土的上海乡下本帮菜打响名堂。先是赢得艺文演艺界朋友的口碑载道，再在社会上获得各界认同。阿山就是阿山，坦白率真一路走来，成名经验不可复制，因为如今这个社会大抵没人像他这样安分守己，或者在某些人眼中的不思进取。

说了好些年要来要来这里好好吃一顿，终于在老友殳俏的引荐之下，认识了阿山师傅本尊，更难得他亲自下厨掌勺，烧了几道他的拿手招牌菜：黄瓜煸虾、生炒甲鱼、划水和草头圈子，不折不扣的都是浓油赤酱重口味。再来由他徒弟帮忙做的走油肉、炒鳝丝、青菜面筋和雪菜冬笋，我们分明知道一下子吃不了这么多也吃不惯这么油（连殳俏这位道地上海姑娘也眨眨眼），但这都是老人家盛意拳拳开心露两手，这一桌经典菜肴也同时见证了这个剧变时代中的顺逆进退，就是因为淡定，才能守住这家店这些经典老味道。

难得阿山师傅本尊亲自下厨掌勺，真功夫，老味道。

殳俏
作家、美食工作者

不知殳俏还记不记得，我俩许多年前第一次碰面是在上海某个偏远老街区的一家有点破旧的国营老字号吃晚饭。一路吃喝谈笑物移景换，终于由她带我到大名如雷贯耳的沪上第一批餐饮个体户阿山饭店见识见识。如她所述这是更贴近乡下口味的本帮菜，更浓更油才显本色，有效解腻去味精的方法就是一边吃一边骨碌骨碌喝可乐。

花神费工清洗荤猪大肠的膘膻保留本来的香腴，一盘卖不起价钱的草头圈子是食客至爱。

怎样也得一尝连内馅赤豆沙也是自家磨的猪油八宝饭。

阿山师傅，我没有来迟！

62

白斩散养土鸡肉质嫩滑，
食味鲜香。

汤浓味美，肉皮甚有嚼劲。

老灶烧出常有饭焦的
咸肉菜饭，别有一番滋味。

水饱满的豆腐塞肉，
典型不过的农家菜。

咸香入味猪脸肉
最宜下酒斟酌。

陆悦农
媒体人

本想跟大伙一道加入陆大哥
创立并身任组长的"苏州吃
面小组"，搭他的便车到苏
州吃面去，但大哥说稍安勿
躁先去浦东陆家庄吃道地浦
东口味的上海本帮菜。多吃
几回就该可分辨出浦东家里
的、城里商业化的与青浦农
家乐式的几种本帮菜有什么
微妙分别。

还得趁这些本来老实做自己
的乡下原味在变成连锁、为
争上档次改卖鲍参翅肚之前
好好尝真，求神拜佛也望
这些餐饮要把根留住服务坊
众。大哥更笑着补充说他姓
陆、陆家庄也姓陆、但没有
直属关系商业瓜葛。

陆家庄 e32

A 浦东新区北艾路 1418 号
　（杨高路锦绣路间）
T 021-5078-1777
H 11:00-14:00 / 17:00-21:30

从城里跑老远过来，更下错了车去错
了陆家庄另一家分店，终于来到北艾
路 1418 号（杨高路锦绣路间）这眨
眼开了十年的标榜主打浦东菜的饭
馆，外面乍看只是公路旁又一家装潢
普通的服务附近坊众的家常餐厅。对
了，就是希望他保持这个老样子，实
实在在地做出浦东传统家常口味。

为食好友初见面都在餐桌上，也全靠
座中绰号地主陆的陆大哥好介绍，翻
开沉甸甸餐牌抖出今日该点该尝的招
牌菜：肉质鲜香、甚有嚼劲的白斩散
养土鸡，家常不过的入味下饭的黄豆
芽油豆腐，饱满多汁的豆腐塞肉，简
单和味的浇进酱油麻油拌好的蒸茄
子，鲜美浓郁的肉皮汤，咸香丰腴下
酒绝妙的土法咸猪脸，内容丰富的大
锅海鲜面疙瘩，再来有饭焦的咸肉菜
饭和煎炸得香酥的农家糯米塌饼……

本身是浦东人的陆大哥隔不久就来这
里踏踏实实地吃一顿家常菜。这里的
后厨也就是由一群浦东本地师傅执
掌，纯粹是师徒关系的传授和演练，
内容谈不上也不必什么创新。其实只
在菜式摆盘和服务态度方面与时并进
在意提升，也不必急于进城扩充，反
而可在竞争焦点以外自成风格，那就
皆大欢喜。

瑞福园 e22

A 黄浦区茂名南路132号乙（近复兴中路）
T 021-6445-8999
H 11:00-14:00 / 17:00-21:30

就是冲着本帮菜老字号瑞福园的招牌名菜，这十分有戏剧性十二分有动感的菜名"大黄鱼棒打小馄饨"而来。来之前几天还得特别留座预订，以免遗憾。

果然这鲜美一锅熬得乳白兼鲜美的黄鱼汤被恭恭敬敬地端上来，一只只绉纱小混沌在锅里浮沉，从卖相到食味都得高分。当然也不要冷落同样经典的田螺塞肉，汁多肉滑一只又一只，红烧肉和葱油芋艿也在水准之上。主食点的青菜咸肉炒饭和嘴馋欲试的粢饭糕都是完美本帮组合——国营老店一再转型至今能有此水准已经十分难得。

陆雪
媒体策划人

作为超级吃货，资深的美食电视节目系列的策划和编导，又是这个街区的老街坊，跟陆兄吃的这一顿午饭，收获当然远远大于面前这几盘他熟悉不过的菜：从上海的建城开埠，上海本帮菜的形成和演变，谈到他小时候淮海路和瑞金路的原貌，再到油炖子的馅料和上面为什么要放一只虾，再把祖母从前卖茶叶蛋要在煮卤水的时候放一只鸭头这个秘密都一一抖出来，哈，我们真的赚到了。

图注：四喜烤麸、弄堂烤菜、马兰头拌香干等等经典前菜是验证正本帮菜真身的法门

图注：可能座中有人可以自家一人棒打一整盆小馄饨的

小白桦酒家 s33

A 徐汇区宛平路297弄3号（近肇嘉浜路）
T 021-6472-1867
H 11:00-14:00 / 17:30-21:30

已经过了中午饭点，店内最拥挤时候的景况已看不到。一台又一台客人满意地笑着结账离开，叫我们几个刚进店还饿着肚的信心大增。

不止一个老饕老友给我推介过小白桦，还分别指定一定要点芬香入味的槽门腔（牛舌），咸香酥脆的咸蛋南瓜条，马桥豆干红烧肉的尽吸肉汁仍保有独特豆香卤水香的豆干是天下一绝，蒜香蛏子和面筋塞肉烤青菜很有家常风味——而我身边正有一个初次到上海的吃货，还不趁此良机再多点几个招牌菜！开心吃喝至尾声已经闲下来的老板娘还跟我们聊起如何淡定安分地守着这家开了十多年的店，我笑着跟老板娘说，守着这些诚意家常味道的还有我们啊！

图注：这世上肯定是有牛舌控的！

图注：先不要着急激赞世一个把马桥豆干跟肉煮在一起的天才如果不把这豆干和肉一块一块吃清光真的笨。

图注：再来一份清甜鲜美的小排萝卜汤

特别讲究的抽纱刺绣餐巾和桌布，叫懂门道的食客暗暗叫好。

李泉
音乐创作人

一年到头东奔西走，好玩的李泉不睡也不累，已经叫我很惊讶，好吃的李泉一点不胖就简直叫我又羡又妒了！每到一城市，他一定避开那些观光客聚集的景点和大饭店，专门跟当地朋友钻去最最平民最生活的小摊小店开心吃喝，开放包容地增见闻长知识。但说回他自小随家里长辈饮宴接触到的都是用料讲究工夫精致的淮扬菜，从而学懂对生活质素的细味和追求，此刻的他眼神里流露的是无限的尊敬和感激。

咸香入味的盐水鸡配上葱油，一口酥腴的咸蛋黄豆瓣酥，本帮风味尽显。

清然的鱼汤馄饨对应浓油的红烧黄鱼，觉冲击味觉享受。

屋里香食府 艺术沙龙 e17
A 黄浦区南昌路164号（近思南路）
T 021-5306-5462
H11:30-15:00 / 17:00-22:00

我得坦白承认我是不折不扣的 old school，平日在国内国外城市乡镇居民区到处行走，一钻进老街小巷，湿滑菜市，心里就格外踏实。每当遇上那些几十年来大家家里一直应用的杯盆碗碟，那些不问出处的木头椅桌，老台灯吊灯，吱吖乱叫的木地板，斑驳剥落的墙壁，心里就特感动特兴奋。长居北京的台湾资深音乐人老邵知道我要在上海觅食，第一时间就帮忙引见他的好哥们：著名上海音乐人李泉。李泉我当然知道，家里的CD柜里还有好些他早期的作品呢！

正在忙碌巡回各地举办音乐会当中难得偷闲的几天空档中，稍息上海老家的李泉约我到"屋里香"，一家他一直欢喜重临的，装潢氛围很有旧上海中西融汇碰击风格的小餐馆。店主是艺术家，店里的装潢摆设都一手包办。好古怀旧的同时颠覆叛逆——这也是李泉作为音乐学院高材生一个优雅转身进入流行音乐创作，一路走来在矛盾冲突中挑战自己肯定自己的一种状态。正如他的新作《天才与尘埃》中传达过来的强烈信息，当人终于明白自己不是天才也不是尘埃之时，才会更懂得面对和处理自己长久累积下来的创作能力，交出平和实在而又厉害的成绩。

一个人，一个创作团队，一家餐馆，一个社会，都是在不断自省后才真正有自信和自尊的。与李泉在"屋里香"的这顿午饭，桌上的风味佳肴是诱因，天南地北谈饮食谈创作谈生活谈理想更是重点。大抵李兄也是老派人，两"老"碰击果然有新意思。

龙阳海鲜酒家

A 杨浦区军工路 2600 号（近港水路）
T 021-6574-1738
H 11:30-13:30 / 16:45-21:30

一直觉得，这个星球上嗅觉最灵敏的生物，除了狗呀猪呀就是资深吃货们了。如龙阳海鲜酒家这般遥远到靠近上海地图的边界，周围又黑灯瞎火交通不便的馆子，爱美食爱觅食的各位也终究不会放过。

跟龙阳的缘分始于我哥的一句话："这家店我每个礼拜要来一次。"他可是家住闵行，驱车往返需三小时呐。自从那次他带我来开过眼界后，这里也排上了我一周一次雷打不动的日程。即使每次呼朋唤友一桌人，劳师动众跨过大半个上海去，也要冒着吃完饭打不到车，在空无一人的小路上走半小时到大马路才有车的风险，为的，就是这么一桌子手艺精巧的家常海鲜风味。

近水楼台先得月的龙阳，背靠着军工路水产市场，占尽天时地利人和，来货新鲜上乘又价廉物美。明档的碎冰上铺陈着的各类海河鲜就能让属猫的我们食欲大开。清蒸鲳鱼、红烧带鱼、干煎小黄鱼、椒盐龙头烤、葱姜蛏子、白灼白米虾、豆豉蒸小鲍鱼、醉蟹钳、炒花甲、辣炒螺丝、菜泡饭等等等等，虽然都是家里饭桌上露脸最多的主角，也是最平易近人的常见做法，但吃进嘴里的滋味，真比一般家庭烹饪高明得多。

这样的海鲜大餐，不华丽不花俏，荷包不重创，满室有欢笑，真好。

（文：踏踏）

点菜的过程就是一堂活泼生动的海产知识课。

薛海贝
Aroom
创办人

虽然我自知是大叔辈，但他们她们口中把我老师老师地叫得又真的有点老了。可是跟大伙同台吃饭，欢声笑语吵翻天，我直觉是和同班同学聚餐。当中一分子是早已落户上海跟丈夫一起努力打拼跟公公婆婆和洽相处的香港女子。Nicole 开怀吃喝肆意游荡筑建理想小店，幸福生活无难度。

只要你敢，我就吃给你看?!

酥脆无比的椒盐九肚鱼，可否独占一整份?

鲜甜嫩滑的葱姜白蟹，清鲜爽脆的荠菜冬笋。汤鲜料足的青菜海鲜泡饭，红红绿绿一桌胃口大

老板有个性自信十足。
94年开店，
守了十年八载，
终于不靠任何广告，
备受懂门道的热捧推崇。

长得很像黄鱼的
长江梅子鱼，
用土法蒸出最鲜最美。

曝腌是上海家常的一种
烹调鱼鲜的做法，
让便宜鱼种如小米鱼
吃来也肉质紧致，
别有滋味。

红烧鲖鱼肚，
正合重口味！

郑在东
艺术家

跟在东老师认识多年就是有食缘，每回见面都在饭局里酒桌旁。从他台北家里师母做的私房白水煮猪肉，到江西三清山脚朴素农家菜，再来到他已经落户十多年的上海，除了常去的几家本帮菜馆，川沙这家原生味十足的东宇酒家是他盛赞并亲自带队成行的绝密小馆——不要瞎搞什么创意菜，给我最原始最纯粹的就好！在东老师一边吃鱼一边说。

东宇酒家 e33

A 浦东新区合庆镇凌白公路白龙港桥东首
T 021-5897-1963
H 11:00-14:00 / 16:00-22:00

坦白说，最怕外头把我贴上一个美食家的标签。一旦成家，一顿饭下来从前菜开始到甜点结束，好吃与否都必须马上给出一个说法——总觉得自己吃喝不足功力学养不够，这实在有太多的责任无谓的负担。其实身边有更多的饮食高人，日常出没的吃喝地方都是秘店，都在一般人的日常活动范围之外，若我有幸叨陪末座蹭了一顿饭，都要挣扎良久究竟该不该把这店这地址在媒体上曝光？到头来真的让小店红火起来，日日爆满长龙不绝，把老板和伙计都给累坏了宠坏了，也不知是不是好心做坏事？

每回到上海，一旦勾留超过三五天，就会向郑在东老师报告我的行踪，常以下午到他家他工作室拜访为名，企图争取机会可以跟他去吃一顿晚饭，而这一顿晚饭吃得兴起又会牵引出另一顿更精彩的。所以这回跟在东老师吃湘菜的时候，他强烈推荐改天再去吃一家位于浦东机场附近川沙的专门吃河海湖鲜的东宇酒家。忙不迭举手赞成，老师已经拨通电话约好朋友订好座位，在这偏僻的渔港旁的酒家订了一顿傍晚五点就开吃的晚饭。

租了一台车把同行六人都载过去，天色已暗，东宇酒家亮着霓虹灯独立于小镇桥头，很有气氛。在东老师的友人成于谦也来高兴共饭，饶有趣味地向我们讲述他十七年前"发现"东宇的逸事，那年他刚买车，贪玩从黄浦江头一路开到江尾，还到了沿海这一隅，只见干干净净的一家店，店主做好了小菜，在进门处摆着当天的河海鲜，客人点了就现做。但偏偏客人不多，成兄问老板怎么没生意？老板淡定地说，你会不会再来？有几个客人吃完已经说一定会再来！就靠这一点自信，东宇酒家就在固执的老板的坚持下熬过来了，以最新鲜的河海湖食材奉客：江海交接处捕得白米虾。带鱼、乌轮鱼以及黄鱼都来自东海。长江梅子鱼要河里的才够嫩甜，加了土法做的咸菜蒸来最好。海里捕的米鱼肉质够韧度，曝腌比煎好吃。乌轮鱼很像鲳鱼，但肉质味道很特别，肥美的鲖鱼肚最宜红烧——我们这晚一口气吃了七八种鱼，后来回听现场对话录音，整整一小时又二十分都是哗哗哗，啊啊啊，好吃好吃好吃，还有口水嗒嗒滴……

庄祖宜 家宴

跟祖宜在上海第一次见面的时候她还挺着一个圆鼓鼓的肚子，第二个男孩将在一周内出生。作为她的忠实读者，她的人类学科博士候选人背景及叛变入读厨艺学院再进入星级餐厅由学徒做起的经历叫我惊叹美慕不已！碰上对食物对入厨充满无比热情的朋友，实在一见如故滔滔不绝。

随美国外交官丈夫移居上海后，她一面要照顾小孩丈夫一面要在博客中以文字和录像分享她的烹饪心得和生活体验，一面又继续整理出版新书……忙碌并幸福快乐着的她幸运地找到一个上海阿姨帮忙收拾打扫，更厉害的是这位精打细算持家有道的杨阿姨也像祖宜一样烧得一手好菜！和这位准妈妈约好等孩子出生后再到她家探望小 baby，祖宜当然一眼看穿我还有一个贪心嘴馋的目的——可以吃到阿姨亲手做的上海家常菜啊！

一切当然就如愿发生，进门先跟男女主人问好，端详了一下熟睡中的小男生（另一个在房里看卡通不见客），马上直奔厨房学艺去了。杨阿姨今天烧的是母亲亲授的蚌肉烧豆腐，从邻居那里学来的糖醋小排，至于糟大头虾，炒一盘大闸蟹毛豆年糕，炒个豆苗，绝对有条不紊手到拿来。菜饭的做法还是放下传统包袱，向祖宜试验成功的简便新法学习的，真的是互相欣赏共同进步的最佳示范。

一边做大闸蟹毛豆炒年糕，阿姨一边再把今晚没有出场的另一道跟婆婆学的宁波式的葱烧小土豆的方法讲解一遍：洗净煮软的小土豆在平底锅里压扁，加少许油以中火煎成两面黄，撒入海盐及葱花，闻到葱油香气就可上碟——这些简单易学的菜谱令祖宜感动不已，日常生活就该充满这样生猛直接的民间智慧学问。其实祖宜的奶奶和祖父本就是上海青浦人，这几年

的上海生活就是前缘再续。说来这位外交官夫人一家四口即将离沪往别的国家上任履新，但祖宜已经很习惯通过当地朋友通过家常食物进入一个地方的本土文化，未来的饮食生活经历将叫一众朋友读者万分期待分享。

小 baby 在父母和一众嘴馋为食的叔叔阿姨的薰陶影响下肯定是个美食家的材料。

半开放式厨房看来就是为了阿姨向好奇的学员们示范讲解。

祖宜自家研发的上海菜饭简易好味，获得杨阿姨高度赞扬及大力推广，开心至极！

看来无难度的大闸毛豆炒年糕，下回轮到我来表演了。

汤鲜肉甜的蚌肉烧豆腐，是代代相传的家常口味。

《艺术世界》编辑室 家宴

煮蟹小贴士：锅里开水涨进啤酒降低温度，放蟹要反着放以防蟹膏过分流出

真心相信有天分，也相信耳濡目染后天努力，旭俊一边烧菜一边还分享上海食面门路。

红烧肉成色油亮，肉质松紧正好，果然是经验老手。

忍不住向主编龚彦打听，这样厉害的员工如何招来？

上海小子竟然能够蒸出一条鲜美嫩滑恰到好处的海鱼，绝对压得住在场的广东老饕。

上海友人的爸妈自动请缨登场掌勺在家里为我们做一顿家里饭，上海阿姨在主人家为来客大显身手烧几个拿手菜，这都叫我们吃得肚皮撑撑幸福感满满。但有机会吃到一位 80 后上海小朋友一夫当关为办公室十来个同事连我们几个蹭饭的一口气烧出的十道八道家常美味，就的确是很轰动很叫人兴奋雀跃的一回事。

有天跟《艺术世界》的主编龚彦中午吃饭时聊起当今年轻朋友的吃喝习惯，我心血来潮忽发奇想说很希望能找到这样一位爱吃能吃懂吃而且能够自在出入厨房的小男生，给大家展示一下我们的饮食未来还是有希望的。她未等我说完就马上笑着接过去，有，我们编辑部就有一位，每隔一段时候他就会当仁不让地为大伙儿做一桌的饭菜，还是绝不马虎地让大家拍手叫好的高水准；好，就让我来安排一下。

约好了一个新一期杂志已经下厂付印的中午，我们到了编辑部所在的一幢修复得很有范的小洋房，因为原是住家，本就有厨房。今天的主角刘旭俊是一位高挑的男孩，架着黑框眼镜聚精会神在厨房埋头忙着，骤看有点严肃，但随着一道道菜成功上桌，旭俊开始轻松玩笑起来，回复二十出头的孩子的活泼可爱。旭俊的一手好厨艺可算是自学得来，但家里有做点心厨师的外婆和做大厨的父亲，虽然没有言传身教，但在长辈入厨时站在身边光看就够心领神会的了。每年年夜饭帮上忙打打下手，一理通百理明，胆子大起来就为朋友为同事头头是道地做起菜。今天一口气做的糟毛豆、糟鸭舌、陈皮虾、红烧肉、姜葱炒蛤蜊、清蒸鱼、啤酒煮大闸蟹，都是叫大家吃得开怀的家常好滋味。大伙一边吃一边等还在外面忙着的主编——龚彦终于赶及回来吃蟹，也完满了今天这顿午饭的借口：今天是她的生辰，我还买来了鲜花和红宝石奶油小方来做甜品为她庆生呢！

忙里偷甜

第二章之四

午饭还未结束，饭后甜品呀水果呀还未端上来，身边的这位那位上海朋友都先后站起来说对不起要先行告退了，约了客户开会，下属等着汇报，忙呀忙呀，奔的跑的……

一个国际都会，没有闲人——即使自觉闲，更要装着忙，真正忙的人，倒该是很懂得偷闲，在一刻半点钟里补充能量，恢复元气——这个时候，带着目的和意义的各式甜品就出现了。

不止一次目睹西装笔挺的中年高管于午后三点在上海五星级酒店的咖啡厅点了并吃光一件又一件法式甜点（配的还是白葡萄酒），一身香奈儿的女总裁在国营老字号吃黑洋酥馅的汤团，穿着公司制服的一群阿姨在街角露天座里每人各吃三球意大利冰淇淋店的各式 Gelato，至于以谈公事为名，相约在甜品店求一种轻松状幸福感的男男女女就更多更多。

如果说一个城市的成熟在于真正开放包容，能够提供多元选择，一个急剧发展变化中的城市就需要大量的甜品：本地传统的，手工精制的，外来进口的，混搭创新的，私房绝密的，大众普及的。只要是甜的，或者甜中有酸甜中带辣甜中有咸甜中微苦的，都足以令都市众生自疗自愈，自觉有存在的意义和必要。至于因为嗜甜过分而产生的后遗症，甜品店附近总有健身房和公园跑步道的。

hoF 巧荟 _{e13}

A 黄浦区思南路30-1号（近淮海中路）
T 021-6093-2058
H 11:30–22:30（周一休息）

如果没有了巧克力，如果没有了 hoF，我们还会在哪里碰面？

首先肯定的是我们一定会约会碰面，也很肯定像 hoF 老板 Brian 这样一个热爱生活热爱甜品的老兄一定会把已经备受赞赏的 hoF 几个系列店继续发扬光大。至于巧克力，本来就只是个载体，就看落在哪个人手里变出什么花样？对于二十年来专注投入在糕饼甜品以及鸡尾调酒领域的 Brian 及其团队来说，只要有心，有专业技术力量配合，总会有方法让大家甜在心头。

机会永远留给有准备的人——从张江高科技园区的第一家 House of Flour——hoF 谷屋，到北京西路的 C House，到思南路上的 hoF 巧荟，还有浦东陆家嘴的 hoF Bar & Brasserie，上海商城的 hoF 巧克力 Boutique……每次跟这位来自马来西亚、科班出身，在世界各地星级酒店打稳基础，2005 年落户上海开创自家品牌的老兄在 hoF 碰面详谈，在我们之间迸发飞舞的都是无尽的创意火花，都对未来充满热切翼盼，开心兴奋的同时当然没有冷落了桌上的我最爱的致命巧克力蛋糕、桔味巧克力泥蛋糕、大理石芝士蛋糕……直到口干舌燥，赶紧呷一口为我准备好的甜白酒，举匙一点一点进攻这浓滑富足，这创意生活能量之所在。套用流行说法，跟巧克力老友每次相遇都是久别重逢啊！

巧心、用心，每一个细节动作都是成功关键。

项斯微
媒体人

希望斯微不要嫌我这个大叔啰嗦，上一回跟她碰面聊天，她一坐下就点了一杯超大的巧克力冰沙还加了厚厚的鲜奶油，咕噜咕噜一眨眼便喝光了，意犹未尽企图再多叫一杯，我晓以大义，说女生还是不要经常喝太多冰冻的——这回约她在她也常来的 hoF，这杯最受欢迎的热巧克力就不怕多喝了。上海的冬天比她成都老家阴冷得多，巧克力是抵御郁闷的妙药良方。

致命巧克力，致命在湿润绵软的巧克力蛋糕夹层中，有内含脆米的软巧克力，叫人一口下去说不出话来。

每日特选的芝士蛋糕也是用料讲究，功架十足。

斑兰叶熬炼的汁液造就出肠粉的淡绿和清香，内里是轻奶油和榴莲肉，既有飞扬创意亦有传统手工。

王淼
自由职业

平日留守成都美食大本营，时刻为家乡川味做现场实地报道的为食老友三小水，等不到我们人肉空运糖品的美味到成都，买张机票飞到上海就直奔主题来了。这位每到一地都会敏感细致的搜街觅食的女子，最欣赏糖品在人气急升的同时保得住从容淡定，坚持不断开发创意新品，积极听取食客意见回馈，稳扎稳打再进一步——其实全国各地都该有这样的饮食创意实力，嘴馋的我们实在有福。

一年一度榴莲冰皮月饼，作为榴莲控的我抢购不到手如何过中秋？

榴莲双拼，拼完忍不住
来三拼四拼——

糖品 s34

A 徐汇区天钥桥路 133 号
永新坊 1 楼 7 号铺（近辛耕路）
T 021-3368-6879
H 12:00-22:00（周一休息）

当我这个榴莲控得知 Brian 和他的搭档们会开一家结合马来甜品和港式糖水风格的新店，更会以层出不穷的榴莲作品系列作为招牌主打，我已经准备好严控在上海的每晚晚餐分量，一于饭后直奔现场舍命陪果王之王了。

借助汹涌如潮的口碑好评和微博力量，当日还在试业阶段的糖品已经是一位难求。每回我都得在快要打烊的时候才挤得进这个以拙朴乡土风格打造的甜美环境中，在桌上最得我心的大小搪瓷和粗瓷杯碟中跳跃觅食。

从嫩滑轻甜的北海道奶冻，到有大球榴莲冰淇淋和芒果冰沙的爽榴芒；从榴莲肉加上冰淇淋的重口味首选绝代双骄，惊喜混搭组合随便，到技术难度颇高的榴莲泡芙和榴莲肠粉，再回归到工夫考究的传统豆腐花、杏仁露、酒酿桂花鸭梨木瓜糖水等等，还有不预先张扬也吃不到的榴莲蛋糕——外头生活压力愈大行走节奏愈仓促，我们这些百姓平民就愈需要叫人气定心安，感觉良好的依靠和寄托——经营好一家像样够格的甜品店糖水铺，本身就是一记功德。

蔡嘉法式甜品 e29

A 黄浦区徐家汇路 618 号日月光中心广场
　1 楼 F05 铺（近瑞金二路）
T 021-6093-8388
H 12:00-19:00

第一次吃到 Mr. Choi Patisserie 蔡嘉甜品的蛋糕是在茂名南路的 1931 餐厅，因为有预订，一来就尝到传说中有口皆碑的金牌拿破仑。自问手脚不够灵巧的实在不敢持刀切这一碰就崩裂散落的香脆酥皮。还有那夹层中细滑轻浮的鲜奶油也真的拿它没法，好吃的为什么都这样折腾我等粗人，高贵真的没法装了。毕竟身边挚友积极帮我一把（喂我吃?!）另一个饼盒里也是预订好的同样叫好的榴莲蛋糕就让他这个榴莲控带回家独享了。

蔡嘉甜品的女主人诚聘日本糕饼师内田富夫担任主厨，率领年轻团队，用上上好材料和传统烘焙技术，在饼房里默默制作每日预订及堂吃的糕点，并定期研发推出新品。曾经跟朋友约在日月光广场的 Mr. Choi 第一家门店喝下午茶，店内淡蓝和乳白相配的装潢用色和纤巧家具细节很讨人欢喜。唯是室内座位空间太小，户外也显拥挤，加上来领取预订蛋糕的人流不绝，较难体会下午茶的休闲自在。

听闻蔡嘉的第二家门店在大宁中心广场开业，更新添 chic causal dining 的概念，期待一试。

预订到取的金牌拿破仑，等不及回家就现场开吃了。

下午茶的银托盆中一次尝得精选饼食各自滋味。

唤作白流苏的栗茸鲜奶油蛋糕，强调材料都从法国进口，奶油的轻淡与栗茸的浓稠拿捏正好，风流尽得。

勇闯黑森林，浓郁松软
一唉又一唉不愿走出来——

74

法芙娜 Araguani 72% 黑巧克力的浓郁与樱桃的酸甜巧妙冲击完美平衡，难怪这款 La Vennus 是长期热卖！

唥唥会感动有惊喜的闪电泡芙。

法国朋友笑说在巴黎也不是每家糕点店都做到如此超高水准！

柴田西点 w15

A 长宁区紫云西路 24 号（近遵义路）
T 021-5206-5671
H 10:00-21:00

一个懒洋洋的下午（或者一个装作懒洋洋的下午），即使跟你的工作伙伴相约也千万不要谈公事了，来到店堂阔落优雅的柴田西点紫云西路本店，先在饼柜看上你今天最爱，然后找好位置坐下，懒，我一定靠着沙发，点我一向惯点的配任何甜食也不会出错的伯爵茶，等待片刻，招牌甜点和热茶就会被服务员殷勤端上……

然后，贪心嘴馋的我不仅想一人独占面前充满诱惑的 CBS 闪电泡芙，把那外皮闪亮的焦糖酱，内里满满的焦糖奶油连同那小块法国 Philippe Olivier 黄油和几朵英国 Maldon 海盐花一口大啖，还虎视眈眈身旁老友最爱的 La Venus。这用上法国顶级法芙娜 Araguani 72% 浓郁黑巧克力打造的点心，内层的慕思奶油里还包裹着香脆的巧克力珍珠粒——如果发生什么争执的话，各自多点一个栗子奶油 Mont Blanc 和新鲜草莓塔 Tarte aux Fraises 也就摆平了。应该不用劳烦到来自日本的糕饼大师柴田武先生亲自来排解为食纠纷吧！

贝蕾魔法 e26

A 黄浦区徐家汇路 618 号日月光中心广场
  1 楼 F07 铺（近瑞金二路）
T 021-6093-8173
H 10:00-22:00

巧克力的确是有魔法的，不仅吸引着
无数像你像我的巧克力控到处追寻进
口的精品巧克力品牌，跨越地域的巧
克力甜点直营连锁，更有扎根本土的
用上进口原料结合当地文化发展出的
手工巧克力店，连艺术家设计师建筑
师也跨界参与巧克力艺术概念装置大
展——巧克力还算不算是舶来品？看
来要重新定义了。一旦中了这魔咒，
经营者不惜工本地打造整体装潢风
格，不断研发新品，在我们面前因此
有了以比利时 58% 巧克力制作的皇家
经典巧克力蛋糕，以阿比纳 89% 可可
豆制成的罪恶巧克力蛋糕，点了酒酿
樱桃巧克力蛋糕可要当心，那一颗德
国 Bailesy 酒酿樱桃可真会吃醉人。

Le Crème Milano s1

A 静安区富民路 173 号（近巨鹿路）
T 021-5403-3918
H 11:30-23:30

每次站在盛满意式 Gelato 冰淇淋的
冰柜前，我永远是天人交战三百回，
即使一次要吃三粒球三种味道，也总
是在这二三十种色彩缤纷的各种口味
前举棋不定。什么爱果味或者爱奶味，
什么旧爱要吃新味也要尝的原则通通
瞬间瓦解。那就今天是巧克力、朗姆
葡萄和桑梅，明天是榛子、薄荷和芒
果，后天是咖啡、抹茶和百香果，大
后天是黑芝麻、开心果和草莓，反正
低脂低糖低热量，一天又一天每天都
可以不重样地来一遍。当得知老板又
推出新款口味，我也正式缴械投降承
认已被完全套牢了。在这多元多样的
自由选择面前，选择困难症的我终于
原形毕露咯。　　　　　（文：踏踏）

晴黑主调的室内装潢，
一众巧克力控乐在巧克力中！

罪恶呀罪恶，
有什么魔法可拯救我？

冰淇淋、巧克力酱、甜奶油、
蛋卷交织而成的美味拼图，
惹人口水涟涟。

一次尝多种口味，
满足贪心求全的味蕾。

满满一冰柜，
是五颜六色的甜蜜诱惑。

抹茶泡芙，集甘苦轻柔于一身，分明成人口味。

有待爆发的抹茶熔岩蛋糕，一发不可收拾。

身形修长的泡芙松软可弹，充盈着细腻柔滑的奶油馅，一条两条会吃上瘾。

吃一根泡芙，沏一壶热茶，气定神闲地坐在室外享受阳光。

七叶和茶 e18

A 静安区马当路 185 号（近自忠路）
T 021-6336-6899
H 11:00-21:30

愈来愈害怕逛大型商场，走进去不到十分钟就直觉眼花撩乱，气促心跳——是因为人太多？还是因为这个商场那个商场进驻的品牌差异不大没什看头？必须找个地方坐下来歇会儿——你说我本末倒置为食上心也好，我现在的确更在意的是商场引入了哪些独特有趣的饮食品牌作为卖点。来自日本的抹茶餐饮品牌七叶和茶虽然是连锁经营，但各家装潢都独立处理，有回午后傍晚在新天地店，原木厢房里斜阳投影中一口抹茶雪顶白玉拿铁，分吃一块抹茶熔岩蛋糕，竟有在京都宇治的错觉。

éclair e6

A 黄浦区嵩山路 88 号上海安达仕酒店 1 楼
T 021-2310-1234
H 07:00-22:00

甜品，不管是长的圆的尖的高的矮的肥的黄的红的绿的，总是能毫不费力地挑动女生的视觉神经，诱发肾上腺素急速飙升，惹得唾液腺失控口水直流。当我面对着柜台里安静躺着的众多经典法式奶油泡芙 éclair 们，我在纠结究竟是选择巧克力、香草这样的传统味道？还是树莓、柑橘甜酒、芒果百香果等新派口味？还好，不都说女生有一个专门容纳甜品的胃嘛！何况我实在爱这纤细的身型中满是甜美的浓浆，咬在口中真有"爆浆"的感觉。为了这种催人幸福的滋味，我不顾热量的侵袭而竟然被策反，一个接一个吃不停口了。

（文：踏踏）

La Crêperie s18

A 徐汇区桃江路 1 号（近东平路）
H 05:30-12:30（周一公休）

来一堂饮食法文课：crêperie 是吃法式薄饼的地方；crêpe 是甜的；饼皮颜色较深配以芝士、火腿和太阳蛋等咸味配料的是 galette。法国人，特别是来自 crêpe 的家乡布列塔尼（Brittany）的，日常都爱边走边吃简单的牛油砂糖 crêpe，有些人更可以把甜食当正餐。而说到 galette，因为有太多配料，吃时大家必会乖乖坐好，更爱配上一碗他们自家制的苹果汽酒（cidre）。

不论是在香港还是上海，La Crêperie 都是自己偏爱的一个小地方。不单是那简单而充满法式海边风情的装潢，不只因为在香港和上海怎样也找不到别家比这里更正宗的 crêpe 和 galette，亦不只是那满碗苹果香让人一喝就舒气顺畅的苹果汽酒，而是那种将眼前一切都来个慢板，如度假一般的法式悠闲感觉。即使像我们这些日夜不停赶路没有假期的家伙，也自然而然暂时放松来这里把酒吃饼，mange comme un français (eat like French)！

（文：叶子骞）

浇上火辣的烈酒 crêpe，马上多了一番简单的酒意。

叶子骞
法国饭团

作为我们这个一路开心吃喝一路认真工作的团队中最年轻最有趣的一员，Edward 不仅在我们工作室的小小厨房里任我这个"总厨"呼喝指使切菜洗碗抹桌，亦不辞劳苦地一年冬夏两次在法国放他的悠长假期，在微信中以流利法语留言报导分分秒秒在吃喝什么。第一次来上海的他"回家探亲"，目的是偷师回朝好让我们能吃到他早就答应要给大伙亲手做的 crêpes。

三五知己分享好时光，也分享他们碟中的 crêpe！

MIGNARDISE e16

A 徐家汇路 618 号日月光中心 C 区 F1605 铺
T 021-6093-2826
H 10:00-22:00

抛开对传统法式甜品店华丽纷繁的想象，MIGNARDISE 更似摩登的甜点酒吧。蓝紫色的灯光映照在香槟瓶身上，似乎暗示着以香槟搭配甜点的优雅吃法。店家标榜以百分百法国高级食材和顶级原料制作而成的法式甜点精致美味，让人直面它们浪漫的甜蜜气息。

（文：踏踏）

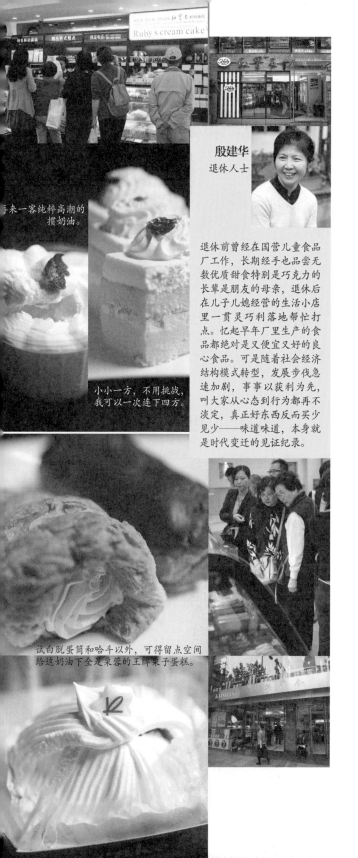

来一客纯粹高潮的搅奶油。

殷建华
退休人士

退休前曾经在国营儿童食品厂工作，长期经手也品尝无数优质甜食特别是巧克力的长辈是朋友的母亲，退休后在儿子儿媳经营的生活小店里一贯灵巧利落地帮忙打点。忆起早年厂里生产的食品都绝对是又便宜又好的良心食品。可是随着社会经济结构模式转型，发展步伐急速加剧，事事以获利为先，叫大家从心态到行为都再不淡定，真正好东西反而买少见少——味道味道，本身就是时代变迁的见证纪录。

小小一方，不用挑战，我可以一次连下四方。

试白脱蛋筒和哈斗以外，可得留点空间给这奶油下全是栗蓉的王牌栗子蛋糕。

红宝石 n21

A 静安区吴江路 198 号（近泰兴路）
T 021-6217-6401
H 10:00-22:00

所谓传奇，也许不在年岁久长，因为不思长进的勉强拖拉着反是负累。反之用心在意的，一个华丽转身就叫人惊艳。那天第一趟第一口吃到这名不虚传的红宝石鲜奶小方，奶油入口清凉细滑，奶味香浓而不腻，蛋糕湿软，夹带菠萝碎粒，完全是美好下午的衷心期待。而当我得知这叫我身边的上海朋友都无一不夸奖的红宝石，全名中英合作红宝石食品有限公司，并非百年老店，却是上世纪八十年代由一早年毕业于上海圣约翰大学的校友在留英多年后回国开办的，把昔日情怀都寄托于一方简单甜美，这就是态度，就是心意。

凯司令 n23

A 静安区南京西路 1001 号（茂名北路口）
T 021-6267-5692
H 09:30-21:30

翻查资料得知创始于 1928 年的"凯司令西菜社"曾经在 59 年一度改名"凯歌食品店"，不知当年张爱玲遥遥在彼邦知悉此事是否掉过头去冷笑三声。

几经转折，西饼老字号终于回复了老派作风。就凭那白脱蛋筒里的"hard core"白脱麦琪林（margarine），就叫我等早就告别了这些复古人造奶油的味蕾忽地被刺激起来——浅尝还可以，再多一口就嫌肥腻了。至于为什么闪电泡芙 éclair 会被老上海称作"哈斗"，且早就在上世纪已存活于上海的甜美日常中，这就得请长辈们在此边吃喝边话说当年了。

静安面包房 s4

A 静安区华山路 370 号静安宾馆内（近乌
　鲁木齐北路）
T 021-6112-4797
H 07:15–22:00

大抵每家面包店每天都有剩余物资，
除了做慈善用途送出去给有需要的团
体和社群以外，加工再造美味再生也
是大家乐见的好事。名牌如静安面包
房的 Butter Rusk 别司忌，也是用面
包干加了黄油和糖再烘烤得甜蜜香
脆，长期受爱戴追捧，需求不绝。

没有碰上据说每天下午都在排队等买
低价处理的西点的人群，却被两位也
在买面包的年轻读者把我这个嘴馋大
叔给认出来了。日常好味道的拥护传
承，就是这样一代又一代的接班。

有朝一日也会像这位伯伯，路上
就坐到店中一隅，喝杯咖啡，口
片黄油浓郁、咬来脆硬香甜的别

申申面包房 s12

A 徐汇区复兴西路 8 号（近淮海中路）
T 021-6437-3493
H 07:15–22:00

我一直管原名 éclair 的法式点心叫"哈
斗"，它曾经是我学生时代最爱的早
餐伙伴，虽然从不理解它为何有个那
么古怪的名字。还有那又长又硬，老
妈总是在教训我的时候随手拿起来
做武器的"长棍"，其实它有个和法
国沾亲带故而更优雅的名字"法棍"。
还有那在春秋游时总会带上两个的
"短棍"，他们连同"羊角"和"泡芙"
构筑起了我少年时代对西式面包和甜
点的最初理解和记忆。所以我在申申
闻着面包香的时候，所有这些快被遗
忘的片段又"嗖"地重现在脑海里。
当我毫不犹豫地嚼起核桃魔杖直至脸
部肌肉有点儿抽筋时，我反而更开心
更动容，也的确是想让心绪暂时回到
童年那无忧无虑的好时光。

法式长棍落沪之后演变衍生成短棍
外硬内韧，十分为大众喜爱。再一
证明无所谓正宗只有变通的硬道理

（文：踏踏）

软韧有劲的水磨糯米为皮，包着油条和咸菜，还有甜的黑芝麻（洋酥）加糖为馅的精彩版本！

为长见识兼饱胃纳，面前的各式糕团都得赶紧各买一个。

当中有久闻大名的内里流有豆沙和黑芝麻馅的双酿丸！好吃的不得了——

方方正正的造型，纯纯朴朴的颜色，未吃已知正气！

上海传统名点海棠糕，烘好掰开来有豆沙馅和些许猪板油

虹口奶香糕团

A 虹口区四川北路 2305 号之 2
　（近虹口足球场站）
H 06:30 开始

当我们对法式的 macaron 杏仁饼、éclair 泡芙、意式的 gelato 冰淇淋、英式的 scone 饼干配奶油和手工果酱、日式的抹茶熔岩蛋糕的配方和做法都了如指掌，对其风味和格调赞不绝口之际，可有回头眷顾一下从来就在我们日常生活中的本地传统甜食？如果我们嫌弃这些糕团店又小又破，口味不够多元创新，这是我们没有动员自家以至社会之力去扶助一把！是行动的时候了，多多帮衬并广为宣传吧，嗜甜的吃货们！

七宝一品方糕 w23

A 闵行区七宝古镇老街内

七宝古镇老街从早到晚车水马龙（其实是兵荒马乱），没有"特殊"目的不敢乱逛。直奔主题吃过汤圆吃过白切羊肉，有了气力就可以来买沉甸甸的方糕。

单就卖糕售货阿姨的诚恳热情，就值得每款买一件回家仔细尝尝。造型方正的糯米糕混入不同材料因此有不同成色长相，血糯米的、艾草的、无糖芝麻馅的、桂花豆沙馅的、南瓜味的，都买，家里老人一定喜欢——有朝一日你我都是老人希望还能吃得到。

咖啡或茶

第二章之五

家里橱柜有一个角落，好好安放存留有外公外婆当年用的一对咖啡杯碟和一套茶具。记忆中两老在晚年期间，还是有喝咖啡的习惯，而且是早上喝咖啡，午后才喝茶。这可会是年轻时候在上海生活和工作时培养出来的习惯？后悔当年我年纪太小，只看着两老喝，没有问。

每个年代各有社会消费习惯和饮食潮流，个人也有各自喜好：上海老一辈习惯在南市老城厢"孵茶馆"；张爱玲每朝从梦中被公寓楼下隔壁的起士林咖啡的香气唤醒，分别与闺蜜炎樱、苏青等等在霞飞路和静安寺一带的咖啡馆聊天喝咖啡喝巧克力吃奶油蛋糕；或是王安忆的小说《长恨歌》里提到老大昌的巴西咖啡。南京东路上

由白俄于 1941 年开设的马尔斯咖啡馆后来改名东海咖啡馆，在 09 年关门大吉前，一直坚持用玻璃壶煮咖啡，直到厂家停产才改用不锈钢壶；衡山路 1 号已经关门的衡山咖啡馆，据说是文革以后于上海开设的第一家咖啡馆，只卖清咖和奶咖……这些因为种种原因退出舞台的咖啡馆，肯定在不少老上海的回忆中占上一席之地，结业了不免是个遗憾。但换一个角度，新的日常聚会社交场合亦如雨后春笋，喝咖啡吃茶连接轻食以及各种文化活动，百花齐放日新月异。无论经营是成是败，都确实属于这个沸沸扬扬的时代——外面是如此纷扰喧闹，就推门进来休息一会平静一下，咖啡，或者茶？

Aroom s26

A 徐汇区泰安路120弄卫乐园
  15号（近华山路）
T 021-5213-0360
H 12:00-20:30（周一休息）

一路行走，一路张望，一路取舍。当时分变成年月，原来身边不知不觉已有了这好一些累积。在这些有形无形的物件和意象将被尘封，永远藏进现实和记忆的更深处之前，一时冲动把它们都拿出来抖抹抖抹——幸运的是，面前恰巧出现了如此理想的一个家居空间，让这一切路上捡拾搜集回来的物什都可以好好陈列安放，在对的时候与对的人分享。

两对夫妇好友黄耶鲁和庄哈佛，Nicole和Alex，同时都爱旅行爱饮食爱家居生活杂货，理所当然地促成了Aroom这个像私家花园和客厅的舒服自在地。当大家都急急把小资呀屌丝呀等等标签拔掉的今天，在这里还真可以跟来自五湖四海志趣相投的人微笑着打个招呼，跟似曾相识的安静摆放在这个那个角落的一只皮箱一台相机一个手缝布偶再续前缘。又或者，点一杯茶一份手工蛋糕，自个儿在窗前小几旁拉一张沙发坐下，读几页书安神定绪，整理一下有点纷乱的思路。长途行旅之后回到家，一切都好。

唐七
自由撰稿人

上海街巷游荡中跟身边老友叙俏说，是时候歇一下找些朋友到Aroom喝茶聊天咯。她眨眨眼，唔，就找唐七吧。然后她又眨眨眼，不用跟她约，也会在Aroom碰到她的。果然，作为资深生活及美食作者，唐七绝对可以是Aroom的形象代言人。但她坚持她只是路过的，因为她也像Aroom的几位主持一样，家在路上，推窗开门，在世界的另一端为自己为大家寻找生活中的种种贴心体验和创意灵感。

一室各有来历的旧各有故事，花上大半天逐一端详不觉时日

小小厨房为来客准备手工点心，其实最馋最幸福的是厨房里一众边做边吃的小朋友。

作为Aroom吉祥物的"海明威"，每个客人回来都第一时间跟他打招呼。

每回路过相遇相识，
都是久别重逢……

漆成墨绿的窗户推开，
院里更多更自然的绿
扑拥进来，真厉害！

FittingRoom

一室朴拙随意，
都在设计之中预料之外。

老麦咖啡店 s15

A 徐汇区桃江路 25 号甲（近衡山路）
T 021-6466-0753
H 11:00-19:30（周二至周四）/
　 11:00-21:30（周五至周日）

老麦不老，09 年才开业的一家咖啡
店，但有缘觅得这个老街角的这栋老
房子，顿时就有了岁月变幻的沧桑质
感。这幢建于 1927 年的德国折衷主
义风格花园洋房，曾经为德国驻沪领
事住宅，解散后又被中国科学院接手，
成为副院长周仁夫妇的居宅。现时老
麦咖啡店的所在是大宅的副楼，曾经
用作车库，所以门面走道和楼梯间都
窄窄小小的，窗户地板墙身大多都是
原来装饰构件，倒也为这里平添亲昵
私密的触感。

一个城市固然有她的大历史，有种种
台面上的辉煌。但更重要的是留得住
那些在平民百姓日常生活街巷中的岁
月痕迹，好让来来去去的人在街头巷
尾偶尔伫立片刻都有那么一种似曾相
识的知觉。店主老麦笑说自己是个"收
杂货"的人，他也的确在附近开有一
家杂货旧物铺，而咖啡店的内部装潢
情调风格，就是他从多年自家的艺文
行旅生活和友侪关系中累积捡拾出来
的拼贴组合，杂乱中又见章法，一如
生活本身。

拜访老麦咖啡店的那个午后，天气转
凉天色转暗，室外室内的戏剧氛围超
强，我跟老麦说这"矫情"可真的是
天意，风一过，店前落有一地黄叶。

夏布洛尔咖啡馆

A 静安区南京西路1025弄 静安别墅
  93号1楼（南汇路南京西路口）
T 021-6253-1906
H 12:30-23:30

爱电影，尤其是爱艺术电影的影迷们，定当不会不晓得这家窝藏在静安别墅中的夏布洛尔咖啡馆。男女文艺青年们蜂拥而至这家和法国新浪潮导演五虎将之一的夏布洛尔同名的小咖啡馆，为了感受一下迷影的思潮和气息。

店主是刘磊，我们都爱亲切地唤他"石头"，这整墙的书架上塞得满满的电影书籍和杂志，许多还是他不辞辛苦地从台湾扛回来的远流电影馆系列丛书，内行的当然都懂。墙上不少欧洲艺术电影海报显示着他的喜好，老式古朴的家具和椅子四处陈放，自在而慵懒的爵士或民谣调调夹杂着浓郁的咖啡香飘荡在空中，舒适惬意地让人一窝就是一下午。其实我最爱抓着石头聊电影谈音乐，这位文艺工作者也是上海文青圈的中坚力量。运气好的话，还能尝到他亲自熬煮的酸梅汤或绿豆汤。

下午是享受阳光和音乐，晚上便是小范围的电影放映。一百寸的投影仪光影斑驳，黑暗中一双双眼睛因电影而发亮闪烁，恍如60年代法国电影资料馆时期的迷影情怀交错着时间和空间重现一般，令人动容。

就如村上春树所言：如果一个城市没有愿意开咖啡馆的人，那这个城市无论多有钱，都只是一个内心空虚的城市。上海，真是有了这样爱咖啡爱电影的你我他，才更可爱更让人眷恋吧！

(文：踏踏)

石头自制的桂花酸梅汤，不是天天有，见到则必尝。

咖啡馆收藏不少电影书籍海报，坐定翻阅，一下午时光悄然流逝。

同在静安别墅的2666图书馆，也是石头和友人合开，满室书香。

我们，从来没有能够变成，我们所想象的那个样子，快乐也好，不快也好，我们不愿做别人手上的刀……

我们在大街上喝咖啡在桥下喝咖啡在深夜的南京东路南京西路上喝咖啡，在外滩三号六号十二号十八号一切喝咖啡在喝给别人看给自己听。

每一杯咖啡，都由资深咖啡师悉心制作，漂亮多样的拉花也会是爱上咖啡的理由。

一个人，或两三人，都可以闲适惬懒地消磨一下午。

马里昂吧咖啡馆 ⓢ8

A 徐汇区武康路 55 号（近安福路）
T 021-5404-2909　H 10:00-01:00

第一趟在马里昂吧咖啡馆坐下，就有幻觉自己究竟是身处巴黎、伦敦，还是纽约，还是阿姆斯特丹的几乎一样的街角一样的氛围，连进进出出的各式人等用各种语言交谈，更多的是面对一台随身电脑，连接世界的另一端——好了，这却又真实的是在上海，在武康路与安福路交界。忍不住抄一段马里昂吧咖啡馆小组组长 Anoldstar 在豆瓣发表的宣言，时为 06 年 5 月 26 日："……我们的咖啡是我们的美酒，是我们的孟婆汤和毒药，是我们迎接生活和欢送友人之水，它是一切水，是一切表情……我们是马里昂吧咖啡客，我们是咖啡重癖者，我们带着盔甲生活……"

单就这一宣言，我就值得在这里点一杯拿铁，望着不再有旧报纸糊的天花发呆、空想，等着有什么会发生——有事发生的可能在另一个时空，在东京或者香港的马里昂吧！

SUMO 咖啡馆 ⓢ29

A 徐汇区吴兴路 5 号（近淮海中路）
T 021-3461-6682
H 1000-2200（周一至周四）/
　 1000-2300（周五至周末）

在上海这个繁华的国际大都市整日兜兜转转忙不停歇，我承认，我偶尔也想定下心来安下神来和自己好好说说心底话。热闹的淮海路往西多走几步转个街口就和 SUMO 相遇了，我喜欢这儿的宁静，能让我心神舒坦地和自己独处。当然我也爱这里的意式咖啡，新鲜烘焙的豆子们每周远渡重洋从旧金山著名的 Ritual Coffee Rosters 而来，混合咖啡豆亦会随着每季当令的咖啡豆而改变搭配和比例。对于专业级的咖啡鉴赏者来说，看到店里那台 La Marzocco GB5 咖啡机，自然就会领略到他们的专业范儿了。

（文：踏踏）

质馆

A 长宁区江苏路 398 号舜元大厦
停车场入口处（近宣化路）
T 021-6215-1008
H 08:00-20:00

还清楚记得许多许多年前在意大利米兰的那个心跳不已的早上。我贪玩，看见当地型男美女清晨就站在咖啡吧台那么优雅潇洒地喝那一两杯 expresso 甚至 double expresso。我有样学样，还很装酷地持杯倚着吧台，吩咐身边伴替我拍照，怎知就是这一小杯又浓又黑而且无糖的 expresso，空腹喝下叫我的心异样猛跳了一整个早上，害得我好长一段日子都有心理阴影不大敢喝咖啡。当我把这件陈年糗事向多年台湾老朋友——质馆的老板郑松茂老爷汇报，老爷倒是气定神闲地告诉我，喝咖啡是要学习的，也就是入门先要问禁，才能开窍。

质馆这里就有系统地整理并提供了十八种来自非洲、亚洲、中南美洲的精品咖啡，你可以从菜单上了解这些通过了美国精品咖啡协会 SCAA 认证的咖啡豆的产地，庄园和风味等信息，专业的服务员在实验室一样的吧台里精准地用电子秤、温度计、量杯和计时器调控着每杯咖啡的水温，水百分比重和冲煮时间，保证你喝到的每一杯咖啡都达到最佳品质，最好口感。

作为资深广告人的郑老爷对创作品质的高标准要求早已是行内外公认，如今把焦点放在精品咖啡上，不仅对咖啡豆的来源、烘焙研磨，每杯咖啡的制作方法讲究，更对咖啡馆室内的装潢设计、音乐、阅读与此同时提供的其他轻食的关系都得一一准确拿捏，矢志打开精品咖啡在中国内地的市场。我们值得拥有更好的，老爷微笑着说。

李雪
杂志编辑

阿雪是我认识的众多杂志编辑中特细心特能干同时也特神经质的一名。已经是有一个六岁女儿的妈妈，她的女儿倒真比她还淡定稳重，所以我跟阿雪说，质馆这里这么多优秀的精品咖啡，每次只能喝一杯啊，喝多了会心跳加剧的，那就更难淡定了。阿雪说好说好，转头又连喝了两杯冰蓝山。

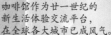

咖啡馆作为廿一世纪的新生活体验交流平台，在全球各大城市已成风气。

老板专心致志的为客人亲自滤煮每一杯咖啡。

手冲滤煮咖啡上来，热、温、凉三种温度都有不同滋味。

曲径通幽的环境，有着别有洞天的惊喜。

温暖精致的布置和摆设，窝在沙发上就如窝在自家一样惬意。

程熙
管家

在 Rumors 门外木板凳坐着等位入内，心血来潮按电话找管家，心想这个 Rumors 的老顾客真的不会这么巧就在附近吧——果然十分钟后这个刚巧在附近买菜的家伙就嘻嘻哈哈的进来了，更和老板老板娘如家人一样嘘寒问暖。管家记得年前一个阴雨晚上，他与友人往吃饭的路上被刚开业的 Rumors 店面气质吸引住，饭后过来喝一杯曼特宁，跟老板一聊就聊到晚上十一点。后来他才知道人家九点打烊，就是这种只有一个客人在也留守的专业细节叫管家从此成为 Rumors 的常客。

鲁马滋　**Rumors Coffee** s19

A 徐汇区湖南路 9 号甲（近上海图书馆）
T 021-3460-5708
H 11:00-19:30（周二至周四）/
　　11:00-21:30（周五至周日）

此 Rumors 不同彼 Rumour，没有流言蜚语，店名是日本老板中山惠一向他的咖啡老师小野善造先生的致敬。小野先生在日本轻井泽的咖啡俱乐部名为 Kawang Rumor，是印尼语中朋友家的意思。中山惠一来到上海开店，特别借用了 Rumors 之名，把老师教授的咖啡豆烘焙技术和咖啡滤煮方法跟朋友细味分享。

日本先生和上海太太夫妇档，安静温柔地打点着店里的一切，也轻松自如地与客人们分享咖啡文化，闲话家常。小小店面每天都有相熟的客人准时报到，路过的新脸孔也很快便融入此间的私密氛围关系。

秘密花园 w16

A 长宁区法华镇路 525 号创意树林
　入口处（香花桥路口）
T 021-6082-1775
H 11:00-24:00

如果不是开着 GPS 帮忙导航，我想我不会那么顺利地找到秘密花园吧。她隐身在一个创意园区中，窄窄的门面和低调的招牌，着实透着"秘密"两个字。作为康平路小小花园的家族成员，她一脉而成了那种优雅、文艺、慵懒的调调。不大的店堂里用帘子或回廊分割出错落的空间，曲径通幽地摆着木质的桌椅或柔软的沙发。虽然狭小逼仄，却有股子温暖的感觉，全赖头顶照射下来的阳光、各种老式家具、原版图书和美丽的插花，令这个原本秘密的地方，一直充满着小小的热闹和咔嚓咔嚓的快门声。

（文：踏踏）

城市山民 s11

A 徐汇区复兴西路133号（近永福路）
T 021-6433-5366
H 10:00-22:00

身处喧闹烦嚣的城市，更要有率真如初的山民本性。

每次到上海，哪怕只有匆匆三两天，怎也得专程来"城市山民"的复兴西路本店逛一下，在院子里歇坐一回喝杯茶。有趣实在太忙，也争取叫计程车司机兜一下路经店面在车厢内向外瞄一下，看到了从来朴素干净的橱窗，人就舒服、安心。

与两位店主早是多年好友，看着"城市山民"的诞生、转型、发展。从本店"谷"的集店铺、艺廊和茶园结合的概念，到泰康路石库门弄堂区的分店"弄"，再到丽嘉酒店的空灵高雅的"峰"，一步一个脚印，叫我由衷欣喜感动。更难得的是这两位好友在上海这个竞争残酷激烈的商业环境中，完全地放松自在，不把营商获利放在最眼前，反是坚持一直亲力策划唤作"山民有大美"的边远山区少数民族手作传统保育公益活动，更把这些内容成功地转化为设计创作的精神灵感。这种修为是更高层次的商业与艺术生活的规划，有着不可忽视的强大感染力，叫每个走进"城市山民"的顾客都自然地成为山民好友，唤起了大家本来就有的对山水自然的尊重，对简朴生活的回归，对人文情怀的重视。而这一切庞大道理都不僵硬，都化作面前一杯好茶，一件手工饼干，一套旅行用的黑陶茶具组合，一袭剪裁轻松质感自在的便服。

你我山民本性，就在这里追根溯源，久经洗涤、磨砺，得以彰显光大。

楚曼璐
媒体人

作为资深的家居生活杂志编辑，南北闯荡东西汇融，见多识广的她当然深懂朴拙生活之真之善之美。所以当她第一次踏足"城市山民"店堂再推门走进这开阔院子，她就肯定这里将是她在上海繁忙工作之余得以平衡放空的好地方。有了这作为标竿榜样，我们就更清楚该怎样随着自家个性打造一个都市中的自然自我自在之家。

赶上花季，玉兰树下茶会又是一番斟饮论一回耽美。

店内院中每个角落，都是店主和团队同仁有商有量，合力打造。

初来的客人都会惊讶这都市丛林里竟有这一寂静山谷。

用心推敲设计的一几一桌，都是累积多年美学修养的集中表现。

拙朴清闲环境中品茶净心。

透明天花间隔最大量的引进自然光，让一室通透明亮。

璞素 s6

A 徐汇区常熟路188弄15号（近安福路）
T 021-3461-9855
H 10:00—20:00

孙信喜
视觉总监

对于喜喜这位长驻上海的资深家居生活杂志美术总监来说，任何跟家居生活相关的门道他保证通晓。至于吃，他为了保持体态大概少吃为妙了。喝，倒是可以的，所以喜喜二话不说第一时间带我到"璞素"去喝茶。

但一进入璞素这个"轻"、"灵"、"文"、"润"的空间，喝茶作为形式和内容都只是一种导引。我们面前的书法挂幅，一床一几一桌一椅，以及精选的汝窑器皿，都是贯通连接古今文人家居生活的关键，而平日话跟我一样多的喜喜，和我一起都选择静默下来，用心享受。

还记得第一次来到"璞素"的那个午后，大街的纷扰热闹，在推门进入室内那一刻已经被留在外面。如果可以这样理解穿越的话，璞素主人燕飞一直在用心钻研设计的当代中国文人家具，就是贯穿连接古今中国文化生活的时空转换器。看着，触摸着，安坐静躺着，身心回去再回来，若有所悟，从此自信而不自满，更能深刻地认识理解庄子所言"朴素，而天下莫能与之争美"的真正意义。

作为一个资深媒体人，大学时代在美院主修平面设计的燕飞终于在多年兜转后把创作焦点集中在当代中国文人家具设计上。以他自小对书法艺术的热爱和认识，对古典家具的收藏和研究，从观赏的身份进而跨入设计生产的领域，与身边合伙人燕萍一道打做朴实品牌，在成立的短短两年间推出了"天地"、"雅直"、"云"等等风格清雅，线条流畅的系列作品，造型取意自书法里对横、折、撇、捺等等笔划的把握，亦坚持应用传统家具制作工艺中榫卯结构智慧。在这个朴素美学生活空间里，除了展示有自家设计家具和精选汝窑瓷，来客亦可安坐品茶聊天，主人更亲自开班讲习书法，培育热爱传统文化的新一代。

生活愈多挑战，愈有创作发表野心，就愈要懂得养神安心。朴素是一种克制，但也是更大的可能。

宋芳茶馆 s16

A 徐汇区永嘉路227号甲（近陕西南路）
T 021-6433-8283
H 10:00-19:00

始终摆脱不了视觉系的脾性和喜好，宋芳茶馆 Song Fang Maison de The，由最初到现在最吸引我的还是她家茶罐用上的那个天蓝色，加上那个红白蓝（太法国了！）的中国农民宋先生荷锄芳小姐携采茶藤篮的土商标。在07年一下子出现在永嘉路上进占三层小洋房作为茶馆旗舰店之际，无疑是一种普及版 Chinoiserie 风格的隔代演绎，中法文化艺术冲击交融，你我中有我你，合该在那个时候的上海出现。

来自法国的 Florence Samson 女士，其过往在法国高级品牌的工作履历及自立门户开设宋芳茶馆的理念和实践经验，早在平面媒体和网上广为报导流传。尤其在上海这个不乏法国风情的原法租界街区，由一个有心有力的法国人来宣扬中国茶文化的博大精深，表达法国人对茶的热爱和对香料茶的演绎加工，也是理所当然的一回事。

每隔些日子都会挑一个下午傍晚时分来这里喝茶聊天，每次都和身边伴点上一壶中国茶一壶法国香料茶，交互喝着，加上一两件手工甜点，以响应宋芳女士积极提倡推动的不分国籍与文化的品茶方法。

有朝一日当我们发觉宋芳茶馆这个品牌已经成为中国高档茶叶市场的 Mariage Freres，不要惊讶，你还可以跟大家说，我看着她长大。

楼梯间陈列的那一墙老旧饼干罐是老板的精选收藏。

张宁
环保大使
教育项目
首席代表

跟张宁每次碰面不是在咖啡馆就是茶室，从她早些年在海南岛工作的五星级酒店，到她路过香港探我，到我于巴塞罗那探望当时在游学的她，然后来到上海，当然要拣一家跟她气质贴近的茶馆见面。这位一直在路上闯荡的女孩，做好准备在未来日子把时间和精力投放在海洋生态环保和儿童教育事业上。从她明亮而坚定的眼神中，我确信她可以摆脱更多牵绊包袱，然后负起更大责任。

这文艺的蓝，商业的蓝，有朝一日成为经典的蓝。

简洁大方的室内装潢让喝茶成为轻松自在的日常生活环节。

澄园 s43

A 徐汇区泰安路 115 弄 1 号 101 室
T 021-32181092
H 12:00-22:00

2012 年，Leo 的小咖啡馆租约到期。爱吃爱喝爱交朋友的他，继续着开小餐厅的梦想，正巧遇见了这栋 80 多年历史的西班牙风格小屋。它在解放前属于美国第三大石油公司，小屋前大片的院子，依旧如当年般有着参天的大树和茂密的草坪。Leo 一眼相中了闹中取静的它，便有了如今的澄园。

午后一抹和煦的阳光，照得绿色的小草反射出微金的光芒。就着紫藤、绣球、月季、荷花的包围中，和三五好友品茗养神，最怡意不过。Leo 懂茶懂器，深觉食物和器皿有着深刻内在的联系。他爱以青瓷搭配透彻的龙井绿茶，看得到杯盖中生动的小鱼图案，也会用汝窑配岩茶，让茶色慢慢渗透进开片的纹路，滋养出美感来。

澄园在上海的文艺界名气不小，是许多圈中名人常来交流的地方。它有着上世纪三四十年代上海最迷人的气质，Leo 四处寻觅的老家具，淘来的各种古董小玩意，放在欧式的家居布置中倒也融合得当，一点不觉突兀，反而有令人把玩琢磨的欢愉感。

每晚两席的私房菜，是为食之人竞相传颂却又恐一位难求的。Leo 每日一早都亲自去市场采购最新鲜的食材，以低盐低汤无味精的原则去烹调，每天都熬一大锅高汤来调味，这样精工细作又以新鲜度为首的美食理念，令它极受欢迎，也正符合当下健康饮食的概念和趋势。就像他说的：对食物的态度，决定客人的满意程度。

（文：踏踏）

第二章之六
来往菜市场

一再强调亦始终深信，传统菜市场是一个城市中人气最旺能量最足的地方，所以未落地上海就已经电邮呀电话呀跟这个那个上海嘴馋为食的朋友约好，一起去逛逛他或她从小跟姥姥外婆或者父母去买菜的菜市，好让我见识一下上海的家常食材丰富内容——怎知答复都是迟疑含糊的，顾左右而言他。

直到抵沪有缘认识资深食评人沈涛大哥，再硬着头皮问究竟，他坦言当今上海的菜市场都不像样，早已东零西落一堆碎片。城市发展，马路菜市被逐一消灭，上楼成铺的菜市场极度标准化，无论规模大小都几乎在卖来源渠道相同的食材产品，丧失了多元化的可能。菜市里摊档的从业员大多都是外省劳工，勤劳营生，只顾买卖，能在这个城市立足已经不容易，哪来关照真正传统食材的存灭和新食材的发掘引进？一般消费者在日常忙碌之余买到平庸尚可的食材也就满足了，长久下来没有刺激也不会对饮食生活有要求有进步。挑剔习钻的老饕食客就得到处张罗，有能力的要么高价从国外订进食材，要么到高档超市寻寻觅觅，又或者上网邮购或赶赶农夫市集选择有机食材。渠道虽然不缺，但偏向精英精品化的局面也不是一件妥当好事。

一厢情愿逛街市，其实也得面对上海的城市规划发展和食物供应制度，更遑论食品安全和饮食文化传承等等复杂大问题。过路人如我，其实从来都习惯从所遇人事的零碎片段中逐渐拼贴起对一个城市的印象，一切的认识了解也只能从这慢慢累积开始。虽然不会不切实际地要想上海忽地出现伦敦的 Bourough Market，巴塞罗那的 La Rambla 大街上的 La Boqueria，或者巴黎各区在周三周六的露天市集，但我肯定这是一个进入当地城市庶民真正生活的捷径——就让我一一捡拾这些碎片，拼贴出上海民间饮食的真实面向。

大沽路菜市场 n28

A 黄浦区成都北路 117 弄 146 号
（近大沽路）
T 022-2327-8083

在上海朋友家吃到她妈妈下厨做的最家常道地的烧带鱼，烧来那一室腥鲜海洋味道，强烈得一下子我就记起小时候外婆也经常在家做这道叫两老惦记上海生活的家常菜。我笑着问这位已经退休在家帮忙家务照顾孙儿的妈妈，平日喜欢到超市还是传统菜市场买菜，她不假思索马上回答："当然是菜市场咯！"

带鱼原来都是冰冻的没有卖活的，炒鳝糊用的黄鳝在鱼摊大姐手里那么用刀一割，用手一拉就宰好了；豆品摊这边每个百叶结这么一揉一扭一锁就成形；马桥豆干上那个压印的古版宋体 logo 字超酷的；崇明岛来的生态散养大鹅蛋拎在手里沉甸甸……我等吃米不知米价的在等启蒙教授给的所谓人生必修的十堂十二堂课之前，倒真的该来传统菜市场恶补这日常生活实用通识课，自身家事白痴的话，能够治国平天下就是废话了。

闲逛乱闯过大大小小不下十多个上海传统菜市场，大沽路菜市场是标准化菜场里最具规模的了。两层楼把蔬菜鱼肉生鲜熟食干湿货安排分布得井然有序，顾客跟相熟的店家在买卖过程中都有讲有笑的，是菜市场中本该就有的人情关系。升值加分的是这里每个摊位都配有一台可以打印小票的电子秤，和一个用于读取买菜便民卡信息的 POS 机，小票上面印有摊位号、收据号、秤号、商品名、交易数、价格都齐全，最重要的还有一串食品安全追溯码，在食品安全问题严重的今天，食品食材来源有所根据，市民消费就比较安心。

井然有序面积不小的两层菜市，生鲜杂货应有尽有。部分货品价格比超市和大卖场稍高，所以人流不算十分挤拥。

买蛋买菜买鱼都是互动交流，增学问长知识的好机会。

老旧街区居民密集，
马路菜场的生猛热闹是
最原始最生活的风景。

买熟卖熟讨价还价，
如今的年轻一辈已经不懂
这种生活趣味。

小心湿滑，
收获良多。

批发零售，无任欢迎，
有备而来，心里有数。

罗浮路马路菜场

A 虹口区罗浮路、东新民路附近

像我这样最爱钻进横街窄巷与街坊邻里打交道的家伙，怎能没有上海在地老友同行引路？踏踏陪我走一转罗浮路这一段马路菜场，尽眼望去生猛热闹不在话下，一对比起标准化菜市的价格，果然是便宜一大截，尤其对于老人家及精打细算的顾客实在相当吸引。相对于室内菜场，有专人负责监督食品来源和打扫垃圾，马路菜场的卫生状况明显不佳，一旦收摊时垃圾未妥善处理，也会对附近民居造成滋扰影响。流动摆卖的摊贩们在这营生还得冒着被城管驱赶的风险，据说这马路在两个行政区的交界，造成了左边的城管执法摊贩就跑到马路右边，右边的来了就搬到马路左边的哭笑不得怪现象。

铜川路水产市场

A 普陀区铜川路 871 号

正如东京的筑地水产市场说要搬迁多年终于拍板定案莎哟啦哪了，上海猫族老饕最熟悉最喜爱的铜川路水产市场也终于宣布要搬到普陀桃浦地区，铜川路原址将会从一个满布鱼腥的湿滑街区变身成一个开放式的带状城市公园，鱼游走了换来花香鸟语。

趁在这两三年商户陆续搬迁的期间，赶快去看看这已有几十年历史的水产市场的生鲜本色，回来告诉我们终于分辨认得和叫得出龙虾、大闸蟹、梭子蟹、小鲍鱼、生蚝、竹蛏、扇贝、北极贝、象拔蚌、海瓜子、斑节虾、濑尿虾、多宝鱼、鲳鱼的长相和名字。

星顿农夫市集 s36

A 徐汇区斜土路 2600 号海高大厦 703 室
H 14:30–17:00（每逢周日）

摆摊摆在办公楼七楼的有机生态农夫集市？单是这样不按牌理出牌的动作就值得大家去看看是怎么一回事！原来单纯地要在露天公众地方办起一个让大家都可以吃上健康放心的有机农业品市集，也得通过重重申请、审批、监管等程序。所以主办单位就索性把每个周日一次的市集暂时安排在自家机构的英语教室里，反正凭良心凭热心，从本地及全国各地搜罗回来纯正土鸡蛋，粗粮饲养的乳鸽，归原有机奶，各种有机米酒、有机大米、土蜂蜜、手工果酱、高山泉水香菇和有机蔬菜。注意健康生活又懂门道的顾客亲临体验和购买食用过后，就成了固定回头客，而且一传十、十传百，每个周日愈来愈多朋友都来赶集，把热门货品抢购一空，也给这些承诺杜绝一切化学污染，坚持用小规模传统生产的农户愈来愈有信心和决心坚持下去。

万事起头难，有了这样生气勃勃的团队经营生机盎然的市集，期待有天在大太阳底下摆摊会友咯！

来自北京米酒先生的明星产品，酒香醇厚，每次都被抢购一空。

简直可以当宠物的中华宫廷黄鸡！

日本友人现场泡制手工咖啡，香飘一室。

窝在家里打电话？太阳底下大庭广众跟叔叔阿姨打招呼，如何决定还须优雅？

手工甜点家里做，摆摊分享的是一种亲密如家人的温暖关系。

有机农作物需求日增，爱己爱人，生态永续。

嘉善市集 s25

A 黄浦区陕西南路550弄37号（近嘉善路）
T 021-5403-5268
H 11:00-16:00（隔周六）

陕西南路550弄前，眼见"嘉善老市"的牌子，顺路走进，两侧都是本地小贩正卖着鱼肉和瓜果蔬菜。人流不多，也不吵闹，是一幅典型的上海市井小弄堂景象。

再慢慢往里走，场景感的变化随之而来。鹅黄色的四层高小楼是由旧厂房改建，如今用做了餐厅、咖啡店、服装店、家具店和设计工作室，也有loft风格的公寓。几栋小楼围成的中庭空地，便是"嘉善老市"的所在。市集是隔周六举办，摊主多是外国人，贩售着许多自制的美食和家乡风味产品。

英国姑娘Amelia是市集的组织者，她以母亲的秘方自制的果酱有着她自己的童年味觉回忆，已在上海小有名气。许多摊主与她一样，不喜欢大量流水线出产的工业化食品的冰冷无情，便动手制作些富有人情味和乡愁味的美食。眼前的这些果酱、肉酱、糕饼、甜品、意大利披萨、土耳其软糖，好吃之外都有份贴近人心的手作感。摊上亦有品质上乘又价格合理的咖啡、茶、酒、乳酪，甚至护手霜、有机棉毛巾这样环保的生活用品。热情的摊主们一个劲地邀请客人品尝食物，也不强卖，没有令人不安的商业压迫感，倒是趁着这样热闹的气氛，互相交流，结交朋友。

一边紫藤葡匐的墙面下，有不少木质桌椅，累了就坐下，喝杯咖啡，沉醉在阳光里。

这样的乐活市集，是一个小小的外国社区，也是微缩版的农夫市场。它怡静温馨的生活气息中，也传达出健康、环保的生活方式，谁能不爱？

（文：踏踏）

Green & Safe s21

A 徐汇区东平路6号（近衡山路）
T 021-5465-1288
H 08:00-22:00

第一回走进 Green & Safe 的那个晚
上已经过了晚饭时间，灯光晕黄，店
面几张长桌人客三两，心想上海终于
有了这样像样的一家大型有机杂货店
复合餐厅了，惊喜感动的同时，又担
心这么重本装修还引入进口有机橄榄
油、葡萄酒和乳酪，台湾有机酱油、醋、
茶和果酱，加上本地有机农产的蔬果、
香草、菇菌和大米，虽然经营者是经
验老到的台湾专业有机食品供应商永
丰余集团，但上海这个薪金和租金都
直线飙升，生意竞争激烈的市场，该
是用一个怎样的出手和招架工夫，直
叫我们这些嘴馋路人十分好奇。

再来时，是一个周末的午后。上回的
过分担心大抵不必了，用餐的几张大
桌及面墙的吧台都一一坐满，临街露
天的看与被看的桌椅更是联合国地
盘。店内热闹拥挤端详各种蔬果食
材的顾客，有人对那长在木头上的菇
菌很好奇，有人在排队等白米现场辗
磨——无论是传统的还是摩登的菜市
场都得有人气汇聚，衷心期待这些有
心有力的经营可以持续蓬勃，生意兴
隆的同时造福大众。

由著名设计事务所
AOO 设计打造的
有如老仓库风格的
Green & Safe 本店。

室内原木墙面和柜台货架，
水泥地板，髹了黑漆白漆的
钢筋结构，质朴又温暖。

全天候供应的有机冷热饮料和简餐
亦是社区健康饮食生活的一个亮点。

殷勤有礼的店员和顾客
有说有笑打成一片。

从小就上菜市场，
长大不是嘴馋食客就是好厨师。

老外家常饮食习惯里的食材和调味料，
这里应有尽有。

红峰副食品商店 s9

A 徐汇区乌鲁木齐中路274号（五原路交界）
T 021-6437-7262
H 06:00-21:00

如果你初到上海工作，身边认识的一群关心你的外籍同事，都会不约而同地告诉你除了超市之外，你该去乌鲁木齐中路上的红峰副食品商店买蔬菜买蛋买油盐酱醋买米买面买糖果零食——对于中文程度有限的老外来说，据说这里有一位通晓几国语言的老板娘（？）售货员（？）帮助大家在眼花撩乱的小店里准确定位开心购买。

诸事八卦的我当然不放过这个见识机会，到了这家面积比想象中要小，但贩售的货品比想象中要多许多的店，果然沸沸腾腾地挤满买菜的中外顾客。只见大家都十分熟练十分识货地各挑所需就去柜台付账，买卖交谈间说的都是标准普通话，传说中的多语言频道广播未有上线。我这个看到红红绿绿饱满丰盛货架已经自然 high 的，主修还是副食品，语言天分有待发掘曝光。

管家 家宴

第一次到管家的家当然是去拿在电话上说好订好的手工面，果然在警卫那里停下来还未开口，对方就笑着问："你是来拿面的吧！直走，右拐再右拐就到了。"这样合作帮忙的大叔，应该早午晚都吃得着管家的面吧！

管家过去亲手做的面以及现在玩大了，需要工厂配合制作他负责监制的面，吃过的朋友都有口皆碑。当然以我所认识的管家还真的是闲云野鹤惯了，应该不会因此发展成面条大王他一百几十家连锁面馆的。我还是珍惜亦荣幸可以被他邀到家里，用上前几天在红峰副食品市场买来的酪梨、小洋葱、小番茄、秋葵，在 Ole 买来的肥大文蛤，以及在附近菜市场买的栗子、冬瓜、鸭腿、大排等等食材，起个大早，独力在厨房里为我们这几个一心来吃（也不打算洗碗）的家伙，变出了一桌从前菜到甜点一共有七八道菜的周日早午餐。换了是我，这样折腾舞弄一个早上不是不行，但一定汗流浃背紧张兮兮目光散乱。但管家还是不慌不忙笑语盈盈的，懂得过日子的男人叫人不得不佩服啊！

红峰副食品市场是管家最常容易买得合意好食材的地方。

管家一人独挑大梁在厨房忙了一个早上，迎来了我们这群超级吃货。

赶快在微博私信管家询问这文蛤栗子浓汤详细做法吧！

欲罢不能的管家招牌大排汤面。

好好好，下回该到我家我做饭了。

终于有机会亲尝管家的厨艺，再肯定地告诉大家一切不只是在他的微博上面那好些看得大家垂涎欲滴的美食照片和文字。即便他一再强调只是家常便餐，但一进门饭厅中那一桌早已铺排好的白瓷餐具、不锈钢刀叉，棉麻桌布餐巾，还有那一束盛放的白桔梗，那一大瓶泡好的柠檬水，空气中是慵懒起来亦很神气的爵士乐女声……管家主持大局，这头在厨房里乒乒作响，那头就捧出那一小盆作为餐前面包沾酱的番茄小洋葱拌酪梨泥，作为前菜的西式的鲜虾黄椒花椰菜沙拉，中式的百里香排骨煮白萝卜。那程序有点小复杂但一点也难不倒管家的文蛤栗子浓汤，开吃了我们从每道菜每个制作细节每事问到喝起白葡萄酒更放松下来笑得响亮震天，到管家又再一道一道地把主菜烤虾子，卤鸭腿配小炒秋葵献宝出来，大家已经搓着肚皮笑得满足了，怎知再来高潮主角正牌管家大排汤面，再饱也得吃个碗底翻天！

周日中午，管家的家，我奉旨懒惰，一顿惬意家宴中我目睹更亲尝一个上海新好男人如何宠坏自己和身边好友，轻描淡写随手就把小日子过成大日子，一点也没有辜负菜市场里的各种好食材，也没有冤枉这个最好同时最坏的大时代。

一蟹更胜一蟹

对于嘴馋为食如你我，每年至少一次必到上海的十大理由当中，专程来吃大闸蟹肯定排在第一二位。

蟹未动，人先动。再劳动一下两位超级玩家食家前辈来站台：《闲情偶寄——蟹》中李渔说得直接："蟹之鲜而肥，甘而腻，白似玉而黄似金，已造色香味三者之至极，更无一物可以上之。"而张岱在《陶庵忆梦——蟹会》中更具体形象："河蟹至十月与稻粱俱肥……掀其壳，膏腻堆积，如玉脂珀屑，团结不散，甘腴虽八珍不及。"而作为每年平均吃掉两三百万只大闸蟹的香港人的一分子，每年大闸蟹季还未到，市面所有相关的蟹供应商，餐厅饭馆，平面和电子媒体已经事先张扬今年江苏各个湖区的大闸蟹产情和售价如何？污染问题有否改善？如何辨识检证标签的真伪？大闸蟹从江苏到香港的流程步骤都一路直击报导。至于阳澄湖和太湖的蟹质蟹味 PK 比较，今年蟹菜的创新花款，吃蟹程序先后和禁忌，蟹八件的用法，自家拣蟹蒸蟹煮蟹以至冰箱存蟹的小贴士，蘸醋和姜茶的做法，花雕或香槟的配合……蟹民教育铺天盖地，人人都被训练成吃大闸蟹的专家。

但资讯愈多运输愈快在各地吃蟹愈方便，就愈叫蟹痴们有冲动要做好攻略，第一时间飞到现场，相对便宜地在上海市内和周边湖区吃到最鲜最甜最腴最粗犷最精致——西北风起，眼前一堆雪白一片金黄，大闸蟹大闸蟹，我来了！

莲花岛老许蟹庄

A 苏州市相城区阳澄湖镇莲花村老许蟹庄
T 1396-1800-344

近水楼台先得月，这老话本身就很吊诡就有玄机就很有启发性——水中得月是虚的，就像现在很多人来到阳澄湖边也会多心质疑，吃到的大闸蟹是否在别的湖区养得差不多，再运来这里泡几天澡就捞起蒸煮上桌给顾客的"洗澡蟹"？这就真的要看蟹农和店家做人处事的本心和操守，如果日常饮饮食食也得直面这样严肃的问题，实在是有点扫兴。

所以我的吃喝心态就是要放轻松，不要也不可能计较太多，争取在好天气的日子和对的朋友出游，庆幸身边也总有懂门道的老饕认识相熟可靠的店家，反正也没打算要装得很懂的一看一拎这只那只青背白肚金毛黄爪的蟹就说得出它的产区年份和斤两——有缘的话，一掀盖揭盅唿落知好歹，喜出望外的话都是赏赐。

同行的上海年轻小朋友竟然都未有听闻阳澄湖上有这莲花岛，所以从市区出发又车又船个多小时后来到这位于阳澄湖东北面，横跨湖中最好的水域的莲花岛很是雀跃兴奋。碰上大好晴天，从容闲适地走在岛中桥上和水道旁的房舍及菜地间，走近湖岸再乘小艇近距离看用竹篙和纱网围起的蟹场（要看撒网捞蟹就得等天黑或清晨了）。肚饿了回到蟹庄，小小的院子里早已摆出两张圆桌，两位员工熟练地从养蟹池中捞出昨天从湖里移来，饱吃晒干的玉米、螺蛳、带鱼和南瓜食料，在供氧的池中吐尽脏物的螃蟹，用刷子把蟹身刷净，用细绳很技巧地把蟹绑好，放进蒸笼排好，浇进些许米酒，加盖蒸约十五分钟即可。这边厢在蒸蟹，那边厢的厨房乒乒乒乓地，端出来一桌放满的是鲜美的白灼河虾、红烧鳊鱼、青蒸白鱼、红烧老鹅、土鸡汤和南瓜粥……我十分挣扎地环顾浅尝，留肚用心细品马上蒸

近距离一睹蟹场养殖环境。

加盖蒸上十来分钟，兴奋掀开满满一锅哗哗连声

有人坚持先剥吃脚爪再掀盖吃蟹膏蟹黄，我可没有这个耐力，必须直奔主题。

熟上桌的每只足有三至四两的大蟹——果然剥开雌蟹已见满腹皆是凝结成块的橘红蟹黄，细细唿来细腻油润，雄蟹的蟹膏更是晶莹脂白黏稠甘腴，一嘴痛快富足，雪白蟹肉清甜紧致更是不在话下。各人连番叫好之下，毫不手软将爱到底，一蟹更胜一蟹！

难得有专家讲解指点吃蟹之道，我们当然一边咽口水一边乖乖听课。

用高度数白酒腌制的醉蟹，蟹毒尽除，肉质滑软鲜嫩，芳香甘腴极致。

吃过秃黄油我已经极度满足，观摩欣赏过服务员手拆奉客的原只大闸蟹，留待有气有力的小朋友尽情享用。

成隆行颐丰花园 W19

A 长宁区虹桥路 1442 号（近伊犁路）
T 021-6209-7635
H 11:00－14:00／17:00－23:00

既然吃大闸蟹已经成为中外老饕们每年当季来上海朝圣至少一次的理由和目的，吃蟹的程序步骤成为仪式，蟹菜内容的层出不穷也成为城中热门话题。因为好蟹，一路吃来交上不少比我疯狂百倍的蟹痴。有的兴头一来连续十天八天早晚餐餐无蟹不欢；有的坚持一定在家里动手蒸蟹吃蟹才吃得轻松自然；有的根本懒得动手只动口只吃蟹菜，待应剥好端上的蟹也只吃蟹黄蟹膏。像我就决定要集中精神，一顿蟹宴里要么一只雌一只雄（再一只雄一只雌！）地又剥又吮又细细唿，要么就用心品味一道一道的蟹菜，不要辜负店家和厨师的精巧用心。

所以受俏引领来到以传承传统和研发创新蟹菜声名大噪好评如潮的成隆行颐丰花园，在老板老柯和大厨的悉心安排下，我们开心边聊边吃，把一道又一道拿捏精准平衡而且主题突出的蟹菜细细尝出真味。先是那咸鲜浓厚的蟹糊冻并叉烧青瓜作为前菜，紧接那入口初得甜腻，再透渗蒜香和咸味的醉蟹，都是黏油软糯经验难得！稍歇一下上来的清汤蟹钳白菜心，完全就是肉清菜嫩清鲜甜美的代表作。紧接的蟹粉银皮配芦笋水果盏，集香滑鲜浓一身，稍加一点醋，滋味知味。最后是那一小碗叫人又爱又恨，只用雌蟹蟹黄与雄蟹蟹膏加入猪油制成的"秃黄油"，一勺一勺地浇在喷香米饭上，恭恭敬敬拌好，入口无言，怪自己放纵怨自己奢侈庆幸自己生而为人，高潮一刻不忘感恩。

难得老柯一路为我们专业讲解每道菜背后的巧妙心思，也把他二十多年来从事大闸蟹经营贩售所遇上的种种逸闻一一抖出，从过去香港全民馋蟹差点吃光半个阳澄湖，到"移民"欧洲的中华绒螯蟹高姿态回归但反应差强人意，还有就是北方近年习惯把大闸蟹当作中秋礼品，实在笑煞旁人。

食不厌精，一旦悟道就等于走上黄澄澄金灿灿白雪雪的放肆不归路。

新光酒家方亮蟹宴 n12

A 黄浦区天津路512号（广西北路口）
T 021-6322-3978
H 11:00-14:00 / 17:00-21:30

大闸蟹要嚐鲜，人却总有倾向怀旧。怎麼说，十多年前新光酒家在还未把蟹宴以老板名字方亮命名之前，已经被懂门道的香港老饕朋友邀来过一两回，也是每个厢房都会碰到这个朋友那个朋友的那种受捧场欢迎度。这回带来一位第一趟到上海的法国朋友，不用他动手，最懒惰的一口气点了清蒸蟹钳、蟹膏烧银皮、蟹黄烧蹄筋、蟹糊羹为主菜，再点二十隻蟹粉小馄饨、蟹粉拌面和蟹粉炒年糕，一桌四人吃得 hign 到说不出话来。法国友人应该见识到什麼叫淋漓尽致无所不用其极，我在满足无言的同时积极计划明早晨跑得多跑一两个小时。

哎哟蟹膏拌著银皮，是平生吃来最黏稠最有"罪恶感"的极致美味。

有点老旧局促的店堂倒是老顾客最自在最亲切的认同。

十面埋伏 w12

A 长宁区定西路795号（近延安西路）
T 021-6277-0617
H 10:00-03:00

在各路现炒浇头面兰州拉面河南烩面山西刀削面乃至日本拉面的小店中搏杀出一条血路，十面埋伏真已在面食江湖中独占了一片山头，靠的就是膏蟹这一绝杀武器。隻隻精选的膏蟹膏满肉肥，现点现洗再斩件，稍稍油煎至丝丝金黄，连同一众小虾乾小鱿鱼在高汤裡煮，最后将订做的面条放入高汤煨熟。上桌后，掀开橙红色的蟹盖，虾兵蟹将们显而易见，喝一口鲜美的高汤，吮几根入味滑溜的面条，一碗见底也还真不过瘾。同样厉害的是膏蟹拌面、膏蟹炒糕和虫草花鸡汤面，各有贪吃又爱蟹的追随者们。真材实料成就了这一碗鲜美至极的面，也成就了这家用心用情的温暖小店。

小店经营，以膏蟹为主打，与麵食配搭出鲜美亮點。中等價位亦討好年輕市場。

（文：踏踏）

大江南北

第二章之八

翻开前辈饮食作家巨细靡遗搜集整理的上海饮食发展历史资料，处处都有刺激启发："沪上菜馆立林，山珍海味，极海内外之精华……"徽帮的老醉白园、其萃楼、逍遥酒楼；宁帮的状元楼；广帮的大三元、大同酒家；锡帮的各种字头的老正兴馆；苏帮的五味斋菜社、大加利酒楼；京津帮的会宾楼菜馆、复盛居；扬帮的半斋总会、莫有财厨房；豫帮的厚德福酒楼；川帮的洁而精川菜茶室、蜀腴川菜馆、四川波赛饭店；闽帮的林依朋厨房；杭帮的孟尝君食府；潮帮的大华酒家；湘帮的九如酒家；回帮的马家班伙房……这些在上世纪三四十年代开始在上海红极一时，由来自大江南北各省各帮老板经营和厨师掌勺的餐馆饭店，单就名字已经引起我等为食后辈无限想象。如今这些名店几乎全数退到幽微回忆角落，早已黯然结业或改名转型，足叫当下野心勃勃兴头冲冲要在上海这个饮食江湖打造自家品牌干一番事业的各路英雄，不得不谨慎细致朝夕审视自己的菜品特式，服务态度和宣传推广策略，好在这个竞争激烈又处处生机的地方干一番轰烈漂亮事业。

作为嘴馋食客的我们绝对是有福的，身处上海能够这么方便集中地品尝到来自大江南北的丰富多元，各方游子更该为各自家乡菜系特色做评审把关，提点的同时鼓励打气！

新荣记 _{e5}

A 黄浦区淮海中路 138 号
　无限度广场 5 楼（近普安路）
T 021-5386-5757
H 11:00-22:00

小朋好友是浙江台州人，每逢节日回
乡，回来一定给我带家乡特产做礼
物，每次他把鱿鱼干、虾干等等海味
递过来，都是又骄傲又不好意思地笑
着说，家乡不产什么贵重的就是有这
些东西，你回家的行李包都将会满满
是大海的味道了！

我当然是十分感激也感动，靠海吃海，
吃出对自家风土文化的尊重和热爱，
那就是最美也最鲜的事！约好怎么也
得找个机会跟他回台州吃海鲜，可是
我愈想愈馋，这回在上海竟然偷步了
——有沈宏非老师的强烈推荐亲自带
路，我终于在新荣记见识到台州海鲜
的厉害。

室内装潢大气，典雅细节讲究的餐厅
在上海不算少，但同时有一室高涨热
情鼎旺人气的就更叫人有开心吃起的
冲动。老沈发办点菜，我们只管投入
吃喝。前菜从鲜嫩的瑶柱小蜜豆，爽
脆的油醋海蜇，甜美净实的炸带鱼，
滑溜烫嘴的金沙九肚鱼，一开场已经
叫在座一众拍手叫好。接着下来见识
到其貌不扬的沙蒜（海葵）烧豆面，
鲜美得无法在记忆里找任何参考，十
分家常百分百震撼的鲳鱼家常烧和手
撕豆腐煲，叫人开始嫉妒台州人的幸
福。而一盘卖相朴实入口鲜甜多汁
的家烧萝卜片和无法停箸的渔家炒米
粉，实在有催泪之嫌了。

八卦得知新荣记的台州海鲜当然是产
地直送，而经营理念和烹调灵感却有
参考到粤菜手法，这叫我这半个广东
人也与有荣焉，吃得更放肆开心！

吃得出肉质鲜甜净实的
小小一盘炸带鱼。

沈宏非
作家、
美食家

其貌不扬的沙蒜烧豆面，
惊为天人 争宠成至爱！

前辈老沈是美食大家，饭局
中有幸坐到他身边位置都会
很忙——忙着聆听忙着录音
做笔记更忙着爆笑忙着吃，
忙并痛快着。这回邀得老沈
带路吃一顿他盛赞的"广东
魂"台州菜，席中更有两句
可堪细思慢嚼的说话，一是
"愈穷，愈能出厨艺"，一是
"吃得起的人多，吃得下的
人少"——吃货同学们，饱
餐之后好好琢磨。

啖啖汤浓鱼甜，
自制年糕Q弹软糯，
一锅热腾腾家常暖心。

高雅大方，
细节精准的室内
装潢值得一赞！

餐后必尝甜品
桂花鸡头米——
这茨实的口感
软韧兼有太厉害！

一边点菜一边上课长知识。

叶正浩
客户群总监

跟阿正相识于微时，所以一直觉得他是不必长大的小朋友，但其实他离开香港老家在上海和全国各地闯荡已有十年八载，工作和吃喝经验都十分丰富。作为香港人，阿正倒没有死守粤菜固执茶餐厅，包容开放的品尝见识不同菜系不同地方文化，活到老吃到老，由依然一脸孩子气的他口中道出，很有喜感。

红烧野生小米鱼
汁鲜肉嫩好下饭。

肥美鱼籽，香煎最妙！

上味小海小鲜 (w3)

A 普陀区长寿路 1118 号芳汇广场
　2楼（近曹家渡）
T 021-5237-0577
H 11:00-22:00 / 21:00-03:00（夜宵）

说来惭愧，有回被邀到宁波演讲，匆匆大半天，工作之前只来得及在新开的星级酒店吃了一顿午饭，一桌细致用心的，总结来说印象就是咸鲜两个字。为了在下趟再到宁波前做点补习功课，约好老朋友在上海先作暖身暖胃。

小海小鲜是个活泼名字，看海鲜点菜的摊台面前我们像上课一样把名字与实物生猛连接起来——这叫大梅同，这叫小米鱼，这叫红岩鱼，这该用咸几蒸，这该红烧，这应用豆腐浓汤煮；这是白虾，盐水一烫就好；这是红膏蟹，该是一切为四，用花雕倒笃蒸；墨鱼用烤的，鲜嫩一口。贪心的我看到肥美的鱼籽一大份，慢火香煎得外脆肉嫩就是好滋味。来点啤酒围座吃喝着又这家长那家短的与老友八卦起来。干净利落轻松自在，这样的小馆肯定是日常心头爱。

113

桂花楼 e1

A 浦东新区富城路33号（近名商路）
　香格里拉大酒店浦江楼1楼
T 021-6882-8888
H 11:30-15:00 / 17:30-22:00

上海永远是个人来人往的地方，即使我也是个路过勾留的，都会随时随地遇上四面八方来客。前天刚刚送走两个居住在英国的意大利建筑师，第一次到上海的他们简直忙坏乐坏。今天晚饭又会跟来自德国的设计品牌负责人碰面谈跨界合作的可能，更不要说穿梭来往的台港和全国各地的好朋友——在公在私，会议室内固然谈正经事，工余吃饭聊天也很重要，更何况身边人人都说自己是超级吃货！

穿街过巷吃小摊小馆接本帮地气是一种，在室内装潢典雅大方，食物和服务水准有稳定保证，让主客都放心尽兴的高档餐厅饭馆作为宴请又是一种。尤其是跟对中国菜系认识不深的老外朋友吃饭，我都习惯按部就班地引领他们进入这个博大精深的中国美食世界。所以占尽地利位于浦东香格里拉酒店，主打淮扬菜和粤菜，亦加入少许川菜元素的桂花楼，一直是我的首选。

以红金主调亮眼的中式风格，餐具陈设细节格外讲究，菜肴品质更有厨艺精湛的高晓生厨师长把关，所以众人在厢房里坐下，一把餐巾铺好就不谈风月只管吃喝了。什么叫灵巧刀工？什么是拿捏恰当的摆盘标准？前菜烟熏素鹅、牡丹虾仁、酸辣黄瓜皮，特别是梳衣蘑菇已经先声夺人做出最佳示范。接下来身边一众着急揭盅，一睹文思鲍脯简直匪夷所思的功夫，也为芙蓉蟹粉的鲜腴，金馒头咖哩大虾的葱味，淮阳煮干丝的温醇，葱香浸鲴鱼的脆嫩，双色萝卜的清甜连声叫好。最后压阵出场叫人几乎要站立拍掌的Q版八宝葫芦鸭，讨喜又和味，而那有口皆碑作为桂花楼招牌经典的鱼汤小刀面，果然汤醇面滑不得了——从来不为争面子去吃一顿饭，但这回真的吃得脸泛红光，骄傲满足。

从装潢格局到餐具细节
到服务态度，一丝不苟严守标准

谢琳
品牌
市场经理

跟 Linda 在一趟参观考察德国高端设计品牌的机会中认识，一起体验到德国人对生活细节的专注讲究，对产品设计要求的严谨认真，刺激启发获益良多。路上我们谈到何谓规矩何谓标准何谓操守？尤其我们都站在自家岗位向公众倡议推介我们相信并实践着的生活方式和生活态度，就更得热情饱满，清楚准确，落实执行——说到吃，当然也要守住这个保证和标准。

见识厉害刀工之后，
可不会舍不得吃！

Q版八宝葫芦鸭，
讨喜又和味！

以店主人命名的老汪虾油拼盘，
江南风味尽出。

文林
媒体人

文林恐怕是我认识的一路四出行走早晚嘴馋为食的小朋友中最精瘦的一个。打从多年前在厦门的一次专访中结识以来，看来他都没有发胖过。这样的体格真的是天生饭人，最适合为公为私去尝不同的菜去睡不同的床。文林的勤奋用功落笔细腻也是有目共睹的，唯一要提点的就是不要累坏了，在他已视作家居饭堂的浙里与他开心共饭，不慌亦不忙，吃不完打包回家也只是几步路。

请来绍兴三臭站台，
愈臭愈香的禅寺一品煲。

谨记留肚来一两小碗
滋味十足的虾爆鳝面。

南麓・浙里 s2

A 静安区巨鹿路 768 号（近富民路）
巨富大厦 2 楼
T 021-6247-7877
H 11:00-14:00 / 17:30-21:30

日常东奔西跑，在这个城市那个乡镇的勾留，往往就靠在这家那家餐厅饭馆尝过的某些菜式为自己定位，也往往就是在不断地累积与对比中，架构起对某个菜系的较为全面的认识。所以从"浙里"这个语带相关的名字，可见店主人对自己所属从小吃大的浙江乡下菜肴惦念再三，希望在上海这个饮食江湖能够打造更好的以杭帮菜牵头的"江南民菜"概念，有理念又勇于实践验证的勇气可嘉，自当呼朋唤友吃喝拥护支持。

前菜必点的虾油拼盘：切鸡、门腔和肚头都鲜浓入味，乌米糖藕爽脆中带软糯，醉虾甜鲜，糖醋小排酥松，香蒿生脆，加上凉吃的鸦片鱼头，一登场先声夺人。

接着下来的重头戏有用绍兴三臭：臭豆腐、臭千张和臭菜梗做的禅寺一品煲，愈臭实在愈香。用上杭州豆瓣酱和宁波慈城年糕共炒的八宝辣酱年糕咸香重口，再来吮指尖椒肚配芝麻大饼已经叫座中一众要放缓步伐了。但怎能不来两小碗我最喜欢的虾爆鳝面——把鳝鱼爆得脆滑，配上鲜嫩河虾仁做浇头，汤里有炒软洋葱、再下猪油、湖洋酱油增色调味添香。至于看见邻桌吃得高兴而冲动一试的蟹粉灌汤鱼圆，就更得让 iPhone 先拍后才一啖入口。既守住传统口味又在内容形式上有所创新突破，但愿这条不易走的路上人来人往，无限风光。

大有轩精细中菜 **w18**

A 长宁区虹桥路1829弄2号（近水城路）
T 021-6275-7978
H 17:30-23:00

大有轩的总经理蔡昊从来坦言他们家做的不是传统潮州菜，因此店名注明的是"精细中菜"。而这中菜之所以能够精能够细，能够保持品质和口味稳定，就是摒弃了中餐传统中凭经验混资历又隐瞒窍门不分享外传的恶习，积极引入了西方餐饮业厨房管理和烹调过程中程序化标准化和科学化的营运方法，充分发挥年轻厨师无所拘泥顾忌，完全白纸一张的优势，靠熟练保证稳定质量，反而可以保留到饮食传统中的精华。

皮厚肉肥，嚼劲十足的卤水狮鹅头，配上私藏单一麦芽威士忌该是一绝！

光听老蔡娓娓道来的经营想法已够吸引，还得亲自一尝以实践经验真理。有幸得到殳俏引见，在大有轩的明亮大方简洁的包厢里坐下，先来一碗幽香扑鼻、清鲜甘润的青橄榄炖螺头汤，强调并非长时间熬煮令食材过分氧化的老火汤，转用高压锅来恰当萃取食材营养。紧接上场的卤水狮鹅头绝对是潮菜经典，亦是摒弃老卤有害物质以新卤为主的做法。至于高潮所在的鲍汁焗婆参，焗得香脆的外皮和软滑入味的参身，叫人喜出望外。糖心胡萝卜和煎焗大肠更充分体现粗料细作的诚恳感动。当我在甜品时间细啖那最具潮汕特式的反沙芋和最爱的参薯芋泥，我可以想象到厨房里年轻厨师们备受赞赏时候的成功喜悦和自豪自信。

殳俏
作家、
美食工作者

作为中国饮食作家群大哥大姐级中最年轻亦最有冲劲最有执行力的标竿人物，殳俏原来是从小就不喜欢也不吃胡萝卜的。但在大有轩老蔡的哄唬下，殳俏愉快地吃完并爱上了这里以肉汁炆煮得软而不烂的绝妙出品糖心胡萝卜。从此这道糖心美味应该叫爱心胡萝卜了，有爱有心，才能自成一格建立自家饮食品牌和体系。

外皮香脆内里滑绵，鲍汁焗婆参是这里最有惊喜的招牌菜。

没有甜腻芋泥做今晚句号，何来完美？

未到甜品时间已经迫不及待杀出绿茶红豆薄撑。

懂得吃煎焗鱼嘴需要点训练时间和方法。

吕鹏
料理烘焙爱好者

吕鹏称呼自己作烂李子，其实李子不烂，只是比前年于成都认识他的时候又稍稍丰满了一点点。作为"宅"在家中不断钻研厨艺，私房限量生产出有口皆碑的中西式糕饼甜点的一朵奇葩，原来在年幼时候因父母工作关系早就到过顺德，对顺德经典名菜大盆鱼呀污糟鸡呀都十分喜好，说不定他如今立志在厨房干出一番事业也与这童年得食体验有直接关系！

煎酿鲮鱼是花时费事的经典功夫菜。

餐饮经营经验丰富的东主Kenny矢志在上海发扬推广顺德家乡菜。

干悦阁 s10

A 黄浦区淮海中路 1414 号 2-3 楼
（近复兴中路口）
T 021-6418-9196
H 11:00-14:30 / 17:00-23:00

作为半个广东人，"撑"粤菜固然在情在理。而粤菜当中偏好顺德菜，就是因为顺德菜善用地处珠三角水网平原的当地当季丰富食材，从河鲜、家禽、猪牛羊肉、蔬果，以至更有风味的水蛇、禾虫，无一不精选入馔。民间和专业厨师人才辈出，厨艺流传遍及港澳、东南亚以至欧美海外，所以早有"食在广东，厨出凤城"之说法。香港早年的家佣中不少是顺德人士，所以香港家庭日常饮食中自然就有顺德口味优势。

人在上海吃到顺德经典好菜自然倍觉亲切，得知同声同气的店主Kenny的母亲本是顺德人就更添信心。直奔主题先上香滑甜嫩的大良鱼面炒牛奶，脆爽清淡的凤城炒藕片，那用上肥厚花菇炆得酥软汁稠的冬菇炆鸡脚煲和酱香味浓肉滑笋鲜的秘制炆鹅可以连下两碗白饭。至于更有家乡特色的煎焗鱼嘴和煎酿鲮鱼，那几片滑嫩鱼云和弹牙鱼肉间的丝丝陈皮幽香，不就是亲如家人的我家老佣瑞婆的家常拿手好滋味吗？一桌友人吃得兴高采烈之余环顾热闹店堂众多宾客，真心期盼大家通过面前这些顺德家乡美味进一步了解认识岭南饮食文化，所谓和谐，倒该先从尊重和包容各自的饮食文化习惯开始。

孔雀

*原址在本书附印时，已由"孔雀"所属餐饮集团易名
"龙凤楼"经营高级粤菜。

"孔雀"新店即将迁址往：
A 静安区南京西路 1551 号嘉里中心二期四楼
T 021-60675757
H 11:00—14:00 / 17:00—22:00
择日重开，热切期待中！

毫不犹豫的走进这外头看来像高级珠宝首饰店的"孔雀"——马上暴露出我本就耽美的真性情来。首先惊艳的是入门玄关第一眼那一身冷艳冰蓝的孔雀真身，有什麽比这更说明经营者的细缄和彻底？绕过玄关，室内墙壁门板窗花都是一色的孔雀蓝绿，有人贪方便会叫这 Tiffany 色，连 Tiffany 公司的人到来用餐也会格外有回家的感觉，但其实又有说不出的那麽一点不同。然后拾级而上到厢房去，抬头先有梯间的俊秀雅緻的宫灯，再有二楼天花的更有民族情调的缕花灯罩，投下光影至一律造工纤细的靠背单椅，一一都在添增这个空间的巧妙玲珑。

直到这一刻，友人都没有再说这家餐厅吃的是哪一个菜系，不过闻香下马，一路上楼已见大盘小盘满江红，香喷麻辣难道做的就是川菜？坐在席中招呼我的餐厅主人笑着道出究竟，这裡的师傅确是四川人，做的是没有"改良"过的道地川菜，比市面红红火火的一般川菜都要原汁原味。也正因这种坚持，室内装潢倒是可以不落俗套的走出自己风格喜好。餐厅主人不是厨房科班出身，但经营餐饮倒是有不少宝贵经验。这家原定针对"女性"族群的格外纤丽的川菜馆，倒是"男女通吃"的吸引了很多追求真滋味的捧场客。就像餐前先来的温醇米汤，一路开吃的蒜泥白肉、水豆豉拌鹅肠、毛血旺、麵疙瘩鳝鱼、薄饼香乾回锅肉，都叫我身边的四川友人惊呼道地不得了。我这个最爱吃麻婆豆腐的，竟然在这裡吃到加有猪脑的麻辣豆腐脑，吃来格外鲜滑嫩，实在不顾仪态，兴奋若狂！

先来养胃米汤，
为连场刺激多变
揭开精采序幕。

一室孔雀蓝绿，
妖娆入骨
却不单薄招摇。

陈耠
作家

跟这位籍贯四川的老朋友认识了这麽多年吃了这麽多顿饭，印象中竟然没有一次是川菜！也许是这事事执着坚持的老兄不想随便给我一个"改良"或"夸张"了的川菜的印象。今回我主动邀他作为密探去品评一下孔雀的川味，怎知才上来叁两个菜，他已经很不淡定的在餐厅主人面前称讚叫好，再吃下去恐怕就要说起四川话了。

麻辣豆腐脑名正言顺的有豆腐有猪脑，
一上桌就叫我心生独占全盘之意，
大爱大爱！

对食器的讲究和
创意应用超乎想象。

餐厅主人娓娓道来经营和
装饰理念

118

戏剧性的装置建构，
大胆的色彩配搭，
花马天堂的室内氛围
营造极有感染力。

菜式的清鲜泼辣性格
未尝已先睹。

王一扬
服装设计师

几年来一直把王一扬设计品
牌素然 ZUCZUG 的一条棉
质围巾带在身边"保暖"应
用，每当朋友赞起这啡黑
低调格子纹样，我都有责任
把我喜欢的这个牌子和设计
师的名字向大家介绍一遍。
自从认识了这位温和淡定的
朋友，得知他在市郊打造了
一处农舍，更第一时间自告
奋勇要去做一顿饭，始终相
信人与人在日常生活动作
中更能相互了解交心——饮
食、朋友、衣裳。

只缘身在此山中？

花马天堂 云南餐厅 s14

A 徐汇区高邮路 38 号（近复兴西路）
T 021-6433-5126
H 11:30–14:00 / 17:30–22:30

大爱云南菜！

以仅有的几次到昆明市内及周边乡镇
的饮食经验，以及在不同城市寻访不
同规模形态及菜式的云南餐馆，我完
全被云南菜系深深吸引——从来大胆
亦自然地应用生猛野菜、香草、菌类、
鲜肉腊肉、河鲜等等当地食材，与少
数民族的传统生活习惯和饮食文化共
生同长。以清香鲜嫩本味，偏酸辣微
麻，酥脆油糯等等口感食味见称。也
因为其率真野性，一直未被收编进入
中国八大菜系之中，这就更为喜欢边
沿另类口味者如我辈追捧热爱。

想起来呼朋唤友邀或被邀去吃云南馆
子，都是一伙同声同气的同行。两年
前在上海第一次吃到花马天堂的菜，
就是《艺术世界》的主编龚彦做东道
主，席间还认识了我一直心仪的"茶
缸"和"素然"服装品牌的设计师王一
扬。所以这趟有机会回请，也把两
位邀到花马天堂在高邮路上的本店，
点了一桌特色好菜：从大理风味葱椒
鸡、花腰傣味炒牛柳、丽江风味爆炒
猪肉、黑松露蒸鳕鱼，到主食的云腿
蛋炒饭和野菜饼，都是清香酸辣令人
胃口大开。我们坐在餐厅二层最里的
一桌，居高临下尽眼室内中庭整个用
餐区，暗红主调和民族特色装置里客
人热闹融洽吃得尽兴，推窗外望又是
绿树婆娑茂密根本不似身在城中，不
禁赞赏餐厅主人对用餐氛围用心刻意
打造，整合出一个源于生活又大于生
活的感官味觉经验。

A 黄浦区福建中路 94 号（近广东路）
T 021-6311-5800
H 10:30-14:30 / 17:00-21:30

家里族谱写的欧阳姓氏祖籍是山东渤海郡，虽然年代着实古远，但每回路经山东或与山东朋友聊起，起码是个好玩话题，至少也得沾沾鲁菜的边——如此博大精深的一个菜系，究竟应该从哪里吃起呢？

一般来说鲁菜分为两大派，一是胶东菜，以口味鲜嫩清淡，烹制各种海鲜著名；二是济南菜，口味偏重，擅长爆、烧、炸、炒，也以汤菜著名。也有把曲阜孔府菜算成一派，以制作精细用料讲究的官府菜为规模。而矢志把烟台本帮胶东菜在上海扎根并发扬光大的"东莱·海上"的老板王剑锋坦言告诉我，山东菜就是食材条件太好特点太多，要简单突出一两点倒很有难度。

这大抵也是我们该积极地做回头客多来这店里光顾尝新的理由了。就像面前刚上桌的四个冷菜，脆拌八爪鱼爽弹有劲，福山烧鸡卤味醇厚汁料鲜洌，蟹肉拌黄瓜和老醋蜇头都是鲜脆开胃的必点。再来热菜先以工序手势讲究，软中带爽、葱香入味的葱烧海参做领军；大虾炒菜心的菜心尽吸虾油，爱不停箸；老式炸里脊的酥脆软嫩最合我意；参花乌鱼钱唉唉滑溜，入口都觉滋补；韭菜炒海肠当然的鲜脆，而压阵的酱焖牙片鱼用上当地特色黄酱面酱与鱼焖出鲜浓油亮的好滋味。身为饺子控的我还特意点一份鲅鱼水饺，满满的鲅鱼肉泥鲜美异常，叫我这个长在南方的"老山东"正在考虑是否要认祖回乡。

东莱，本来就是烟台的古称，也有紫气东来的吉祥寓意；海上，也是烟台人的自称，亦有海产为上的意思。至于由山东把最好的食材和烹调手艺带到上海，那肯定是为食嘴馋的上海人的福气。

海鲜食材的丰富多元选择，令前菜种类变化多端口味突出。

酱烧牙片鱼是胶东菜中鲜浓重口的代表作。

韭菜的鲜与海肠的脆，快炒热吃天生绝配。

尽吸虾油的菜心好味至极！

热辣出炉的蛋挞超吸引，
可惜我快要吃不下了！

邓良军
独立策展人

跟良军这个聪明伶俐跨界出位的四川小朋友在上海吃喝，相约在百分百的港式茶餐厅里，其实是个不二的选择。茶餐厅从来就是一个混搭的产物，只有在香港这个中西文化碰击最厉害的地方才会出世，若能在上海流行也该是因缘。一头接市井地气，一头又从高端异域吸取创意行销灵感，产生一种你拿他没法，说不出好在哪里但其实又真的不坏的可爱特质。良军，我们是在真心称赞你啊！

挂满招牌的外墙，
似假亦真的就像回到香港！

可以多配一客米饭吗？

查餐厅 $35

A 徐汇区天钥桥路 131 号永新坊 B1 楼
　18 号（近辛耕路）
T 021-3461-5618
H 11:00-01:30

众所周知港式茶餐厅闻名海内外，从广东小炒到西冷牛扒，由明炉烧味到奶茶蛋挞，小小一间餐厅内让食客吃尽五湖四海中西美食。打着"性价比"超高的旗号，营业时间超长！接近二十四小时无间断的服务大众，当然稳坐香港平民美食一哥地位。

海纳百川，百家争鸣，从香港出发走入内地的茶餐厅都倾向打造有香港情怀特色的装潢风格表现。譬如位于上海思南路的查餐厅，木卡座、瓷砖地、磨砂玻璃、铁制窗花等布局装潢都像极回到小时候冰室餐厅的怀旧场景，再看上桌的菠萝油和冰奶茶，噢！怎能不找个时间去试一趟？

终于有天凑巧重庆朋友良军来沪，相邀前往。知道火红得紧要的查餐厅从思南路扩张版图到了徐汇区永新坊里，到场一看果然人气旺盛，气氛热闹得跟香港大排档没两样，情绪兴奋高涨。墙上挂着的快餐菜牌，粉绿色的麻石地砖，柚木色的折椅和卡座完全是百分百怀旧餐室氛围。

周末愈夜愈旺，年轻男女玩够唱够都来夜宵，等呀等到最后只能拼桌坐下，立即点了招牌菠萝油，外皮香脆包身软糯，与黄油共吃其实不必跟人分享。玫瑰鸡嫩滑入味正好配饭，还有 XO 酱海鲜炒公仔面不知是谁家的厉害发明，这么香口好吃，哪管得了脂肪超标多少？再来一杯贴近港式味道的冰奶茶，冰块都是奶茶，由始至终保持茶味奶味香浓醇厚。

港式茶餐厅冲出香港，给各方吃货解馋，教我怎能不感到骄傲？

（文：陈迪新）

囍娜湘香 _{e14}

A 黄浦区黄陂南路 373 号（近兴业路）
T 021-6386-2898
H 11:00–14:00 / 17:30–22:00

我的川菜经验是一个被"麻"倒了的经验，在重庆的一个馆子里舌头失去知觉大概半小时。而我的湘菜经验就真的是被"辣"倒了，在长沙一家饭店吃个中午工作餐一不留神被辣得脸红耳赤心跳头晕不知如何是好，但心态良好的我也从此爱上湘菜。

决不介意一般湘菜馆的平民大众格局，又便宜又重口味的大盘大盘摆满一桌，吃个杯盘狼藉更有粗犷豪迈本色。所以走进囍娜湘香位处新天地这所湖畔小洋房，眼前红黑一亮的是精致典雅的装潢，且看这个摩登演绎如何传递湘菜传统。

用的是湖南食材，聘的是湖南师傅甚至湖南阿姨，以用心拿捏烹调的色香味感动嘴馋一众。凉菜先来的湘味木耳酸辣爽脆，开胃正好。热菜小炒花猪肉用上农户自养黑毛猪，干煸后与青红椒快炒出葱味香浓。腊味合蒸是典型农家特色，双色鱼头王自是招来热卖，我特别小心不要又被辣倒。再来的是每天限量供应二十份的野茶油焖豆腐，师傅每日亲自现磨有机黄豆，加入老家石膏土法成形，豆腐先煎后以高汤焖煮，豆香四溢口感滑嫩。甜食糖油粑粑也是家乡风味十足的糯米制品，最满足我等甜品控。

作为一个有广泛群众基础的菜系，从菜式的传承研发到室内装潢氛围的提升改进，都有很大空间作为，年轻时尚之路肯定可行。

沿用土法手工制作的野茶油焖豆腐是镇店招牌菜。

许晓竹
建筑设计师

香浓葱味的小炒花猪肉下饭最好。

在伦敦认识的这位湖南小姑娘，建筑本科毕业后就一个人回到上海开始工作了。一如所有的建筑设计事务所的上下员工，工作忙起来天昏地暗的，连好好坐下来吃顿饭的机会也不多，更不要说吃顿像样的家乡菜了。所以大叔我特意挑了家湘菜馆，让小姑娘专业品评的同时解解馋，始终相信创作人要吃好喝好才有好玩灵感精彩作品！

汤鲜肉嫩的虫草土鸡汤，宠人爱己滋补一下。

清爽前菜为膻香
重口味先来清口。

脂香肉嫩，每桌必点的手抓羊。

Teresa
大漠路人甲

退休前是跨国银行集团总裁
的 Teresa，长期派驻各地深
晓各处人情风土饮食文化，
为食嘴习不在话下。退休后
更与比她更早退休的前银行
家现摄影家丈夫 Hisun 开始
计划下半场精彩人生。新疆
是两人一再重游之地，说起
戈壁沙漠旅途中的大盘鸡，
喀什的羊里脊和撒上粗糖的
酸奶，还有刚在罗布泊七日
穿越之旅中吃过的烤全羊，
一向讲究吃喝的 Teresa 切身
处地学懂放下身段走入民间。

吃罢还想多来一客的
羊肉薄饼。

敦煌楼 (w4)

A 长宁区长宁路 436 号（近江苏路）
T 021-5290-4792
H 07:00–14:00 / 16:30–20:30

羊痴如我，每到一地自觉不自觉地在
头三餐内必定会吃得上羊肉。无论是
白水煮的清炖的红烧的煎的烤的，只
要是肥瘦适中，鲜嫩入口，甘腴暖和
的就是满足。来到上海先尝过本地特
色老店真如羊肉馆，再打听出必要一
试的是有兰州驻沪办事处相关背景的
敦煌楼。楼下是快餐式经营的兰州面
馆，楼上就是羊痴集中地，可以大块
吃肉大碗喝酒的好地方。

晚饭时间为免排队我们早到了，在等
候朋友的过程中，目睹了这没有什么
装潢的餐馆却真是懂门路的食客的
至爱。坐下来兴奋扬声点菜，羊来了
酒来了，呼朋唤友觥筹交错开心尽兴。
菜牌里的选择其实没有特别多，却是
每样都精准到位，我们先点的兰州老
酸奶又滑又稠，奶味又浓如布丁，正
想再吃一杯之际相约的一对夫妇好友
从机场赶到，点的凉菜也正好上场。
一向心爱的小茴香以麻油酱油略拌撒
上生鲜杏仁，香气独特口感爽脆，炝
拌鹿角菜是第一次见识的新奇口感，
撒上椒盐粉的羊肝叫人开始起喝。接
着上来的主角手抓羊肋条不负众望，
肥瘦均匀酥软嫩滑，蘸上生蒜和盐
椒吃得很爽。烤羊腿小小一份膻香味
浓，清炖羊羔肉配饼一样汤鲜肉嫩大
满足。最有惊喜的是外皮酥香肉馅满
满的羊肉薄饼，此物一出什么披萨都
该靠边站了。

虽然都开心吃饱了该离座让位了，但
在座两位好友兴致高昂地开始跟我们
绘形绘声地述说二十年来多次深入新
疆的摄影和觅食之旅，继续羊呀羊呀
羊呀……

第二章之九

冒险家的餐桌

时为上世纪六十年代后期，地点香港。不到十岁的我穿上家里最正经得体的裇衫西裤和外套，小手拖着外公的大手，推开衬挂着抽纱白帘子的金属粗框玻璃门，走进位于九龙旺角道与弥敦道交界的"ABC爱皮西大饭店"。餐桌前正襟危坐，外公不但在用餐过程中给我解释由前菜到主菜到甜品的食材和典故，手把手地教导西餐餐桌礼仪，更要求年纪小小的我跟店内侍应生得体地交谈对应，学懂看餐单和点菜——这许多许多年后，我才明白外公这些对日常礼仪和规矩的重视，该都是从他年轻时于上海求学和执业律师工作中的体验累积得来。作为远下南洋的印尼华侨显赫家族后人，外公外婆当年在上海家住法租界，平日家常生活细节，出入活动的场所和交往的人脉都叫我一直十分好奇。即使人生下半场适逢战乱流徙，但那种在严谨家教下自小培养出的少爷气质和脾性，对生活细节的讲究，他是绝对有意识地希望让子孙传承下去。当我在这许多年后开始于上海行走，有如外公一样嘴馋的我第一时间是希望能够一尝叫老人家当年心仪的美味，特别是一度领先全国的外来西餐番菜风味……

当然我也不断地提醒自己，不要掉进那所谓怀旧的圈套，那不过是一台矫情造作的布景。在这个最坏亦最好的大时代中，留不住，讨不得亦回不去

的遗憾实在太多——历经计划经济下公私合营，产权转手，城改动迁，公司重组种种变更折腾，一些连名字也改过好几次的当年的西菜社西餐馆诸如德大、红房子、新理查，如今硕果仅存，无疑是老一辈上海人的味觉生活回忆，但以今日餐饮的水准评价和表现都是差强人意叫人困惑叹息。如果还以这样的烹调水平和服务素质去撑起一个"西餐"的招牌，实在冤枉了当年创业的中外餐饮界前辈，也辜负了上海作为一个积极向上蓬勃开放的国际都会的名声。

一旦放下这个"老上海西餐"的包袱，眼前的上海西餐景象倒是刺激不绝惊喜连场。国际一众星级名厨频密到访交流以至长期留驻，抓准机遇来沪开创甚至实践没法在自己国家和城市实现的餐饮理想。这些野心勃勃信心十足的厨房冒险家们，率领起外来和本土人材结合的专业团队，搜罗来自全球各地的传统优秀食材，也用上中国本土生产的更接地气的生鲜蔬果和肉食家禽，发挥游走全球实战累积得来的烹调经验和飞扬跋扈的创作灵感——当我一家一家地去尝新，经历一次又一次的震撼，毫不怀疑地确认现今上海是当代国际西餐的一个实验舞台，一块兵家必争之地，嘴馋为食又勇于一同冒险的我们何止窃窃暗喜，简直澎湃开心。

8¹/₂ Otto e Mezzo Bombana  n10

A 黄浦区圆明园路169号协进大楼
6-7楼（近北京东路）
T 021-6087-2890
H 18:00-24:00（周日休息）

始终相信，一个城市能够称得上是国际都会，一定是体现在这个城市是否开放包容，是否有多元选择，是否能够让从五湖四海聚拥而来的有着各种文化背景，不同阶级出身，不同种族肤色的人群可以有一个真正沟通交流并且共融互利的生活环境和生存机会。不同城市固然有各自的历史发展背景和现存社会制度人文素质，硬要比较显得勉强，以相互参照则有其积极意义。

地处上海外滩源的 8¹/₂ Otto e Mezzo Bombana，开业以来长期满座，位于当年中国基督教会协进大楼旧址六楼的这家高级意大利餐厅，食客当然是慕名而来——国际名厨 Umberto Bombana 的眼界与判断，首任行政主厨 Alan Yu 的选材与厨艺，副主厨 Silvio Armanni 及甜品主厨 Sohya Takahashi 的细致配合，还有餐厅总经理兼侍酒师 Gian Luca Fusetto 的专业挑选，鸡尾酒调酒专家 Dario Gentile 的秘方和技巧……之所以一口气把这批在业界都响当当的高人恭请到来，就是要说明这等梦幻组合在对的地方对的时机对的氛围中共存，激发出的能量定会让身边早已按捺不住的一众食客，在味蕾上感官里得到最大的刺激和启发。而当下的上海，正就是这样一个充满机遇、挑战和可能的地方，致令全球有识有智有勇有谋之士，都野心勃勃地争取第一时间在此一争立足曝光机会。也引证了那一句励志经典老话：机会永远留给有准备的人，能否发光发亮就真的要看天时地利人和——我们作为围观食客的，因缘际会，走进这些设计细致策划周全的餐饮空间，即使用餐时间还未正式开始，已经进入这强大气场当中，有触有感。

走进 8¹/₂ Otto e Mezzo，就如走进电影当中，直接向意大利导演费里尼的经典名作"八又二分之一"致敬。电影中战后意大利经济

用餐前后不妨都在这戏剧性风格化的吧台前驻足尽兴。

鲜甜脆嫩的扇贝配甜椒蛋黄酱已是一黑橄榄点缀提味更

首任行政主厨 Alan Yu，信心满满一展所长，启航再闯事业高峰。

低温有机鸡蛋配黑松露汁，流动的飨宴在此。

慢煮波士顿龙虾配上
Bourride 酱汁，
鲜嫩细致回味再三

镜面立体天花，
视觉冲击大胆强烈，
黑白地毯纹样明快利落，
为餐厅主体装潢环境
构建出格局气派。

绿蔬烩饭配上最爱的焖牛舌，
小清新拥抱重口味！

现代解构版提拉米苏
提醒大家都活在 8½
甜蜜生活中……

起飞中旧贵族和中产阶级新富的跋扈奢华生活，情欲爱恨交缠，这么远那么近，与当下社会现实中众生色相互为指涉。此间室内设计构建出的大氛围呼之欲出倒是"甜蜜的生活 la Dolce Vita"这另一经典形容。黑色主调从天花的多边几何镜面反光立体组合，黑色大理石墙柱，厚软黑色地毯镶配白色菱形纹样，各款黑皮及黑漆木单椅和吧椅，一一相互呼应，为高贵格局马上定调。而点缀其中显示出讲究细节，精准的用上原木的沉实，金属的亮丽，水晶的通透，叫一众宾客为之惊艳之际，留意如何在舒适自在的同时，仍不忘表现一下自身内在的优雅和魅力。当我被引领通过外围走廊经过其酒窖、贵宾厅、吧台……每个场景的主体色调和质材微调相互配合又突出各自独立的性格，叫人由衷折服。餐厅位于七楼的户外开放露台，亦是一处可以一边360度尽览黄浦江景，一边聚会派对的绝佳地点。

有机会跟这里的首任行政主厨 Alan Yu 聊天，祖籍上海的他自幼随家人移民美国，在家族经营的唐人餐馆中长大，大学修读的是计算机专业，最终仍回到热爱的餐饮行业中。Alan 先后在纽约的 Jean Georges 和华盛顿的 Citronelle 餐厅中锻炼出有口皆碑的骄人厨艺，被邀回香港星级食肆主厨以及在上海担任餐饮顾问的几年间，更矢志把身在西方餐饮世界中所学所悟回馈日益成熟刁钻的本地食客。对于餐饮潮流中近年颇受关注的分子料理，Alan 坦言不太感冒，他还是愿意踏实而又讲究地为他的食客带来贴心实在的美食体验。至于刚回到上海时对此间环境、空间、食物的种种不适应，他微笑着说还在调节

当中，他紧张自己的身体健康状态，特别是味蕾味觉的清晰敏感，因为这是一个厨师最重要的资产。

能够在充满历史感的精心修复的大楼里，穿越时空，再来呈现过去现在以至未来的觥筹交错蕴藉风流，如果10分是满分，这里又岂止8½。

Jean Georges n15

A 黄浦区中山东一路 3 号外滩 3 号 4 楼
（近广东路）　　T 021-6321-7733
H 午餐：11:30-14:30（周一至周五）
　　　　11:30-15:00（周六周日）
　晚餐：18:00-22:30

众所周知外滩沿黄浦江边是万国建筑博览群，二十余幢向西方历史各个年代风格模仿改造致敬的折衷主义风格的古典大楼一幢紧挨一幢。作为建筑设计狂热爱好者，初到上海第一时间赶来朝圣，一路走过去走进去，就像有史上最强的建筑和室内设计大师们守在那里指点关照，替你上一堂又一堂课。来到千禧年，外滩这一列原来的银行、商行、总会和政府机关的大楼开始华丽转身，陆续进驻国际高端消费品牌专门店、五星酒店和星级名厨主理的高级餐厅。路过的我在此多加一个身分，同时作为一个超级吃货，早午晚深宵在外滩一路吃起，绝对能吃出一部当代中外美食文化发展史！

走进这幢由发展投资商特邀美国后现代主义建筑大师 Micheal Grave 做空间规划改造的外滩 3 号，04 年开幕当年我已经直奔主题，慕名到由法国星级大厨 Jean Georges Vongerichten 主理的 Jean Georges 餐厅见识。走进室内设计由 Micheal Grave 一手包办的华丽开阔的用餐区，棕黑色木地板、黑云石大柱、暗红丝绒垂帘、红铜色天花呼应坐椅靠背，雪白的台布，精致的银器餐具，加上挑高楼底大窗外望江景，还未看餐牌已经被震撼受感动——上海作为一个国际都会，本该就有这样一流水准和质素的餐厅。兴奋点菜后用餐中进一步真正明白了解 Jean Georges 本人在坚守善用顶级食材的原则下，革命性地以新鲜蔬果汁精华和清汤推翻法餐偏重奶油和肉质酱汁的传统做法，果然为注重健康的新一代食客的味蕾和视觉带来冲击惊喜。而来自香港的现任行政总厨林明健兄跟随 Jean Georges 学艺多年，从上海的 Jean Georges 开业便已加入团队，实战经验丰富。餐后聊天时，他兴奋直言说上海的消费者要求和接受能力都超强，来自世界各地的食品原材料供应也愈见丰足，厨界精英云集，的确有很大的空间去试验和实践很多好玩有趣的烹调手法和经营意念。只要你想得出，就考验你是否做得到。头顶上的光环是有心有力的每个人自己努力争取回来的。

品味格调的确立，从进门的每一个细节体会呈现。

余光照
影艺经理人

跟光照约会吃一顿饭是要有点耐性的，因为这位国内国外频密往来的老朋友每时每刻随机应变摆平顺妥很多正事人琐碎事。他终于跟客户开完一个早上的会议，终于来到 JG 高雅大气的用餐环境里坐下，我当然不会马上八卦他身边这位那位演艺名人的逸闻，也绝不会要求光照用他流利的法文在这法餐厅里高调点餐——如果我们有幸享受生活中种种奢华耽美，也一定不忘感恩自觉回馈，更要懂得尊重欣赏所有为提升美好生活品质默默努力有所贡献的人——自由、平等、博爱是永远的三原色。

帅气的行政总厨日理万机，是餐厅的灵魂人物。

首先登场的海胆吐司，内抹黄油外加一片墨西哥辣椒和一点柚子屑，狠狠一 kick，味蕾觉醒！

香煎深海扇贝是招牌必点，不同季节心情配不同酱汁和今天的是有青咖喱香草奶油汁和莴苣，轻重拿捏正好！

法式鹅肝酱配酸樱桃干和糖衣开心果，漂亮挑战传统。

培根卷大虾配酪梨，惊喜处在那作为蘸酱的用心熬配的热情果和孜然蜂蜜。

来到风靡一众的巧克力熔岩蛋糕的诞生发源地，可否再添一份！

Mercato n14

A 黄浦区中山东一路3号外滩3号
6楼（近广东路）
T 021-6321-9922 H17:30-01:00

就是因为 Mercato 这个名字，就叫我值得呼朋唤友一来再来。作为传统菜市场的狂热追捧忠诚拥护分子，Mercato、Marche、Mercado、Market、Bazaar、巴刹等等不同语种不同叫法也不同种类分工规模大小的菜市场，都是我游走各处的终极目的地。在传统菜市场里你不仅可以买到一切饮食生活所需，更能准确直接地认识了解当地民众的日常习惯喜好。在这个能量十足的空间环境里，感受到梳理出这个城市乡镇衰落和兴旺的关键原因。当然菜市场里以及其周边，都有最传统最有趣的庶民饮食，懂门道的肯定流连忘返饱醉终日。

同样是在外滩3号，同样在 Jean George Vongerichten 餐饮帝国旗下，取了这个意大利名字的 Mercato 餐厅，是有强大野心亦有丰富餐饮经营经验技术执行力的 Jean George 团队放下身段的一个热闹轻松新动作。找来深谙新旧碰击交融之道的 Neri & Hu 设计团队，任命年轻韩籍女厨尹孝静微笑领军，打造一个有意大利传统开放式市集感觉和精神的餐饮格局氛围。如果说位处四楼的 Jean George 餐厅是精神贵族用餐处，六楼的 Mercato 就是贵族微服出巡，与民同乐之地。

刻意保留的斑驳天花，新添的工业用的金属结构，回收的木地板，造型简洁的玻璃吊灯，仓库通道一样的回廊，白天明亮自然光，晚上晕黄灯影，一切细节都有助构建现代都市人心中

酥炸海鲜是我的至爱，配上辣银鱼沾酱又是开心新尝试！

王秋生
品牌传播与设计项目经理

炭烤章鱼土豆沙律榄和茴香酱汁配拌，家喻口味细致提升。

万众期待的番茄薄披萨得趁热出手。

每趟跟 Allen 碰面，都会叫我直觉联想起精致、亮丽、耀眼几个关键词。当然这不只是用来形容面前这位帅哥的外表，而是他待人接物一贯的精准认真体贴周到，与他服务的法国经典水晶及餐具品牌的理念和形象浑然绝配。而 Allen 亦深信愈是奢华粉贵，愈有自尊自信就愈能放下身段——所以他第一时间建议要来 Mercato 吃一顿饭。在这 rustic modern 格调如仓库一样的空间内 casual with a twist 的食谱中体验新旧世界的矛盾和碰击。

辣味蘑菇酱意大利宽面，愈简单的菜式愈考工夫。

餐厅中央是开放式披萨吧和吧台，食客与厨师互动交流一如身处菜市场。

的一个似曾相识的理想 Mercato 菜市场。种种材料质感也与热闹满桌的意大利道地家常食物很是匹配：撒满莳萝香草和橄榄的生鱼薄片，铺满干酪和芝麻菜的牛肉薄片，炸得香酥脆嫩的杂锦海鲜，炭烤喷香的轻薄式披萨，连骨带肉的烤得汁浓肉嫩的牛肋排，还配上烟熏辣椒红酒酱和炸玉米条……一切就在这市场中体会经历，市场就是气场，身心追求的就是饱满富足。

PLANETA
LA SEGRETA

A 黄浦区中山东一路18号外滩18号
6楼（近南京东路）
T 021-6323-9898
H 午餐： 11:30-14:00（周一至周五）
晚餐： 18:00-22:30（周日至周四）
18:00-23:00（周五、周六）
宵夜： 22:30-02:00（周二至周四）
23:00-04:00（周五、周六）

庄祖宜
作家、家厨

绝对梦幻配搭：
鸭肝的甘腴滑腻VS焦糖、
果仁和葡萄干的脆韧爵劲。

都说出外用餐是一个全方位的体验：个人的心情和健康状态，天气，餐厅的室外风景室内装潢、空调、灯光、音乐、服务员的衣着、侍客的态度和专业知识互为影响，当然最重要的还是食材的选择配合，厨师的烹调技术和经验，对菜式整体风格的拿捏掌握……简单一句，你是否有心去吃？餐厅是否有心去做？将心比心，至为关键。

认识祖宜，有幸同台吃饭，只有美慕妒嫉，没有恨——如果要怨，就怨自己为什么十年二十年前没有这个自觉，像祖宜一样毅然从人类学课堂出走叛变，入读烹饪学校。我也应该从设计师的漫画家的媒体人的身份跳入厨房，好好掌握专业厨房技术，师从名厨，东闯西荡南征北伐。即使到头来不一定留守厨房发展，该也能更好地在餐桌中吃出学问吃出道理。祖宜一边微笑吃着那神奇的柠檬塔，一边微笑着安慰我，有心未为晚，回家就给你查好纽约几家烹饪学校地址电话，你什么时候报名什么时候出发？

以读者粉丝的身份约好刚刚做了第二任母亲的祖宜去外滩18号这家开业五年仍然红火旺场的 Mr & Mrs Bund，一心跟这位厨房里的人类学家一边吃喝一边讨教分享。餐厅给我们留了很好的窗景位置，上海滩夜色照样闪亮璀璨，虽然我对那串不规则糖葫芦似的明珠塔从来不感冒。餐厅空间宽阔，刻意地随意摆放一堆洛可可风格的高头大马的红黑皮桌椅以冲击这个近乎赤裸全白的大厅，这样的风格亦不是我的喜好。再加上一进门耳边就响着实在有点太嘈杂热闹的英美流行歌曲——我，我真是个挑剔又麻烦的家伙！

大厨独创的以橙汁、柠檬、青柠檬叶、香草配制，密封的罐蒸大虾，打开着一室清鲜香气，虾肉通透脆嫩不在话下。

可是我的心情其实还是很好的，因为难得约到这位超级好妈妈，祖宜甫一进来坐下跟我话匣子一开就关不了——然后我们点的菜陆续上来了，一声声欢呼一阵阵惊喜，及至最后几乎站立鼓掌。祖宜对每道菜提出的专业问题，我把盘子东摆西放让摄影师拍完又拍，快要把温文有礼耐心讲解每道菜的服务员都搞糊涂了。但能够近距离目睹并亲口尝得早负盛名的星级法籍大厨 Paul Pairet 继翡翠36的分子料理实验之后，回归平和朴实传统但又不忘创新点题导引的跨文化美味，实在连场震撼，来不及感激！

放在罐头里鲜美柔滑的鲔鱼慕斯配小脆饼；先蒸再烤的皮轻脆肉超嫩的鸡胸；柑橘香草罐蒸大虾把盖打开来满室飘香；蒸黑鳕鱼配泰国香米特别原汁原味。主厨独创松露鹅肝酱，在一口滑嫩甘腴的同时，咬得焦糖果仁和葡萄干的脆韧；还有用真空烹调处理，先让汤汁入肉再烤制的酱烧小肋排，甜品时间让我们叹为观止的香浓柠檬塔，创意和技术天衣无缝……室内音乐还是很吵，明珠塔还是很丑，但我已经知道我将会一来再来再来！

柠檬挖空留薄皮，先以糖水加热浸煮再泡浸两天，填以柠檬 sorbet、柠檬果酱及鲜葡萄柚，配上柠檬脆饼，技惊四座，回味无穷！

Sangria 水果调酒，
醉人于不知不觉。

一见如故好朋友，
分享的又岂止美味。

烤乳猪一到，我们乖乖
马上停口不说话。

Willy 老兄举手投足，
把他的南欧乐天性格
表露无遗。

莫仁杰
建筑师

认识 Alex 太久了，从他由一枚万人迷小帅哥变成一位父辈的大帅哥；从香港到台北到上海；从走进他的实验性工作室小空间到合作过的零售概念店到目睹他参与指导的大型基建项目城市规划。一直以来他追寻并坚守的就是一个标准，一个没有脱离现实却又前瞻向上的标准，一个活泼有趣同时严肃认真的标准。所以我们约在他一定喜欢的 El Willy，他也邀来了中国设计界的两位低调又厉害的人物 Uma 和 Ziggy，同声同气，交流如何拿捏一锅 paella 烩饭的软硬标准。

El Willy ⓔ2

A 黄浦区中山东二路 22 号 5 楼（近金陵路）
T 021-5404-5757
H 11:00—14:30 / 17:00—22:30（周日休息）

早以开朗活泼幽默风趣性格贯穿他的餐饮事业，在上海饮食圈子受到中外一众食客鼓掌吵闹拥护的 Guillermo Willy Trullas 老兄，在他著名的 El Willy 花园餐厅以外，在外滩中山东二路一幢修复完成的大楼里，又取得一个有利位置，一步又一步地接近这位餐饮顽童的创意梦想。好事好吃如我，当然约好一众好友第一时间来凑个热闹。

预约准时推门进内，尽眼望去是阔落无阻的用餐区，两侧绘有可以大快朵颐的美味海鲜——有鱼有虾有蟹有章鱼有海藻的漫画玻璃屏风稍作分隔。可以想象当餐厅拥挤着谈笑风生开怀吃喝的宾客之际，大家就在这开心美食漫画的氛围中，品尝 Willy 大厨及其长久合作无间的专业厨师团队为大家精心准备的西班牙传统 tapas 创意现代版。小碟大碟层叠堆满，葡萄酒这杯那杯碰得清脆乱响。加上晚来外滩那慑人夜色，一加一加一大于四五六七——当一家餐厅有了灵魂人物经营主管，有了齐心协力的合作员工伙伴保证服务品质，也有了对的地理位置让客人出入方便舒服，这注定的成功就不靠什么星级装潢设计师什么殿堂级经典桌椅灯光去支撑大局。

反之这里的卖点是活泼开朗 Willy 老兄的个人魅力和爽快利落、体贴周到的团队精神，当然还有我们放肆起来点满一桌且一开吃就不停口的美味：蒜香辣味橄榄油煎大虾，酥炸鱿鱼配蒜香酱，脆炸伊比利亚火腿奶油球，甫一登场统统就被消灭清光。传统西班牙鸡蛋冷汤配蟹饼，有机温泉蛋配鹅肝及松露，煎蛋卷点一份不够还得临时加码。主角是需时一天又腌又烤的脆嫩乳猪配蜜梨派伴波特红酒汁，撒一把开心果点缀当然更开心，还有那要站立鼓掌的招牌龙虾烩饭，鲜得嘿……

Willy 坦白承认在中国城市环境中经营自家理想餐饮比在世界任何地方都要 tricky，兜兜转转成事叫他更入世也更通达。毕竟也是过客的他在这个还算充满机会之地还是会好好地迎接每一天。世界之大，不管此时彼时在哪里，我还是愿意看到他的活泼雀跃神色，听到他的哈哈笑声。

刻意保留的砖墙令室内的拙朴粗犷更为突出，窗外无敌外滩景致，location, location, location, 无话可说！

Table No. 1 by Jason Atherton e15

A 黄浦区毛家园路 1-3 号（中山南路 505
  弄老码头旁）
T 021-6080-2918
H 12:00-14:30 / 18:00-22:30

反复再说又再说一次：独食易肥，吃
到底的目的，就在分享！

所以我决定把两个好朋友 Michelle 和
孝忠，都请到南外滩 The Waterhouse
水舍酒店的 Table No.1 一起晚饭。
也不确定她和他是否之前在媒体活动
里本就认识，加上家里大的小的，一
桌五人就可以分享更多！

当然要挑这里的第一个原因是众所
周知的，酒店和餐厅整体的后工业
rustic modern 朴拙原型风格一直都是
我的"菜"，这也要多亏负责策划设
计这空间的建筑设计师 Neri & Hu 夫
妇档。一次又一次地抓准上海老街道
老建筑本来就有的过人魅力，以局部
翻新同时保留旧貌精粹的冲击混搭，
造成视觉和触觉的全方位震撼效果，
能在这曾经是日军武装总部的原址里
与老友同桌共餐闲话家常，实在十分
期待！

第二个原因是要分享 Table No.1 的
星级大厨老板 Jason Atherton 和总
厨 Scott Melvin 的心思和手势。之
前我分别在伦敦厨界大老 Gordon
Ramsay 的 Maze and Maze Grill 里见

刘憬苓
公关公司
总监

跟 Michelle 认识的这好些年
来，印象中每一次碰面都跟
吃喝有关。她带我到当时还
没开设自家旗舰店的蔡嘉法
式甜品吃金牌拿破仑还外带
榴莲蛋糕，带我去美新吃春
卷和汤圆，去老地方吃炸猪
排和芹菜墨鱼面，到阳澄湖
边农家小院吃大闸蟹，到苏
州胥城大厦买鲜肉月饼。我
们又在米兰吃星级馆子，在
她家里作客做饭……这锲而
不舍的吃喝都是为了追求和
守护一种我们深信的生活态
度。当她说到现在的上海年
轻上班族早餐摒弃一碗小馄
饨，而到便利店买一个冰冷
饭团，我俩无言以对只有摇
头叹息。

识过 Jason 和 Scott 的创意，也在 Jason 自立门户后的第一家餐厅
Pollen Street Social 吃得痛快，如今两人在上海高调插旗大展拳脚
打造上海第一家 gastro bar，当然要跟为食老友一起来分享。

我们在漆上黑墙的一个可以看到整个用餐区的玻璃门厢房里用餐，
一面听着孝忠分享他的缅甸之旅，一面吃着餐厅自家制的面包，
蘸点橄榄油、猪肉酱和海藻橄榄酱，亦一面盛赞那轻腌过的油甘
鱼配虾和西班牙冻汤，更赶紧把蛏子和西班牙 Chriso 趁热吃掉。
然后一面听着 Michelle 描绘上海旧年代农村灶头师傅阿山前辈
的十项全能和人手物流管理技术，一面被嫩滑的烩猪五花肉和响
脆炸猪皮感动，被比目鱼的轻滑细软和墨鱼汁饭的浓香和嚼劲深
深吸引——因为有分享的借口，肯定也放肆地点满一桌，独食易肥，
只要你说我没变我说你没胖就好了。

就连前菜之前的桌上
小吃拼盘也叫人吃不停口，
对接着上桌的就更有期待。

烩牛脸肉和牛尾软滑入味，
配上有独特香气的烟燻土豆和
鲜甜胡萝卜，是至爱首选。

煎得皮脆肉嫩的比目鱼，
配上甚有嚼劲的墨鱼汁饭，
对比与平衡考验功力。

甜品拼盘最适合
贪心为食如你我。

酒窖藏酒选择众多，当然是来自法国的不同产区。也因为 Franck 在法国有自己的入货渠道，能独家提供在上海市面找不到的好酒。

服务员以英文向我们详解以粉笔写在小黑板上的当日菜式。

Olivier Marceny
电影人、摄影师

人海茫茫，如何找到一个真正合适的对象？先不要谈邂逅终身伴侣，单单就是要找到能够取长补短话头醒尾，共同进退体谅包容的工作伙伴，在今时今日就绝对不易。像我们这些四出觅食但同时要做准确细致的图文以至录像纪录，既有原则立场态度又能够因地制宜随机应变，简直就像上战场打仗一般。新相识的 Olivier 能够成为我们一伙，除了在专业技术上有优秀表现，最最重要的，他也是超级吃货！

一如法国城乡街角处处可见的 bistrot，菜式不多，但都是实实在在温暖贴心的传统经典。

如无预约订座，晚饭时间根本没法挤进来。

作为一个食肉兽，Olivier 一口气吃了大半盘牛排，赞不绝口。

Franck Bistrot ⓢ28

A 徐汇区武康路 376 号武康庭内
（近湖南路）
T 021-6437-6465
H 18:00-22:30（周一至周五）、12:00-
14:30 /18:00-22:30（周六）/ 周日休息

Olivier Marceny，一个法国人，新相识。在巴黎在纽约念电影，毕业后参与电影制作多年，亦以自由职业身份为时尚媒体和文化项目做平面摄影录像拍摄。游走欧美工作生活之后，路过台湾，首次踏足中国大陆，落脚地：上海。

这大抵是身边无数老外创作人、设计师、艺术家、厨师，以至各行各业人士跟你在上海某个街区某家咖啡店某个餐馆碰面认识后娓娓道来的一段生活轨迹。Olivier 对当下身处的这个充满可能性的城市当然很好奇很感兴趣，希望建立起人脉关系找到工作机会和创作空间。他通过朋友介绍，认识了也同时在上海街头游荡觅食的我们，一拍即合，以观察记录者的身分，以录像作媒介参与我们以味觉导引认识的城市之旅。

所以我与这位初到贵境的新朋友，去吃浇头面去拍臭豆腐去找四大金刚去吃红房子去莲花岛吃大闸蟹。然后来到这在 1907 年叫做福开森路的武康路，走进街道两旁满布梧桐的 376 号 Ferguson Lane 武康庭，先在 Farine 面包房喝了杯咖啡买了一条他最熟悉的法棍当明天的早餐，然后在预约好的时间作为这晚第一批客人准时站在 Franck 餐厅的门口——据说这家法国小馆开业时餐单上只有法文，作为一种显示正宗的姿势。当然在老板 Franck Pecol 的执著坚持下，Franck 餐厅从室内装潢格局氛围到每日菜式餐牌到酒窖内的品种藏量到服务态度都百分百的法国 bistrot——把 Olivier 邀到这里共进晚餐，不是图个点菜的方便，也不是让他见证究竟头盘 Grande Charcuterie 的火腿杂肉、鹅肝酱和猪肉鹿肉鸡心酱有多正宗；前菜白酒煮青口有多鲜嫩；主菜的肋眼牛排厚切烤得是否到位；焦糖布丁会否太稠太甜等等，我是希望让 Olivier 知道，在这地处过去的法租界中心位置的安静街巷里，作为一个法国人绝对可以有如在家里一样活得很好。而我更想他知道，协助 Franck 打造这法式标竿地盘的大厨是在巴黎具五年掌厨经验再到上海发展的日本人江田丰和——什么都有可能，只要你的心在这里。

Cuivre s17

A 黄浦区淮海中路1502号（近乌鲁木齐路）
T 021-6437-4219
H 18:00-24:00（周二休息）

走进由近年在上海美食圈名气日响的法籍大厨 Michael Wendling 万迈克主理的古铜法餐 Cuivre，完全像回到一个熟悉舒服的自己的家。犹记得餐厅开业不久时已觉这裡有一种毫不陌生的浑然融为一体的亲昵的氛围，直觉这样一个崭新的地盘能够有此马上准确到位的状态，完全就是总厨本人和经理以致厨房餐厅内外同仁已有默契共识，才能成功互动出一个强大气场——这绝对不是忽晃两下虚招可以达致的一种境界，这需要多少年在厨房内在餐厅裡的实践功力，对烹调对食材食物无比了解认识和尊重，对客人有如家人的体贴关心，才可以达致的一种修为。

师从法国名厨 Georges Blanc，在法国境内多家米其林星级餐厅都工作过，累积了丰富厨房经验的 Michael，几年前被邀来上海为 Meridien 酒店打造高档 fine dining 法餐厅 Allure。一向志在四方，愿意不断接受新挑战的他，发觉上海是个可以让他大展拳脚的好地方。在筹组班底的时候，他更马上把八年前在法国合作过的旧伙伴 Fanny 邀聘过来任职餐厅经理，带领一众年轻副厨，在短短几年内就把 Allure 打造成上海餐饮界一颗闪亮的星，也因此打响了自己的名气。

放下了传统 fine dining 身段经营起法国家庭式 bistrot 小餐馆，Cuivre 终于在古铜色的闪亮的温柔中降生。众多新旧客人对新餐厅从内外装潢佈置，灯光氛围，到菜式风格选酒价位以及服务态度都讚不绝口，当中关键是大家都感到 Michael 和团队在重拾轻鬆身段后依然积极认真地以最专业的水准备餐侍客。谈到这一室古铜基调的室内装潢设计，Michael 笑说这是他从小就喜爱的色泽和质地，而 Cuivre 一字，亦正是法国厨师对厨中必用的大小铜锅的昵称。每回我结伴连群造访，都在可以敞开向街的阳台中，在一个无分国界的轻鬆愉快的用餐环境裡，与从厨房忙完一转又一转出来跟大家打招呼衷心问好的 Michael，还有正在跟顾客谈笑风生的 Fanny 再分享各自的工作和生活近况。一家法式 bistrot 小餐馆能够成为一个无拘束无隔阂的温暖老地方，散发历久常新的古铜光亮，就是因为有坚持有态度有梦想。

陈绵泰
餐饮从业者
兼厨师

作为 hoF 饮食集团的灵魂人物，科班出身，工作游玩吃遍天下的 Brian 当然最知道情归何处。有一回他跟我形容故乡马来西亚回教开斋节庆典中的饮食，他一边说明显的一边在咽口水，而且眼睛发亮声调提高，几乎随身行李也不必收拾直奔机场就就可以回家开吃。东南亚菜系从食材到菜式到进食习惯和方式之多元丰富，既造就了 Brian 的敏感味觉，也成就他如今懂得尊重不同文化欣赏不同菜系的专业精神和生活态度。

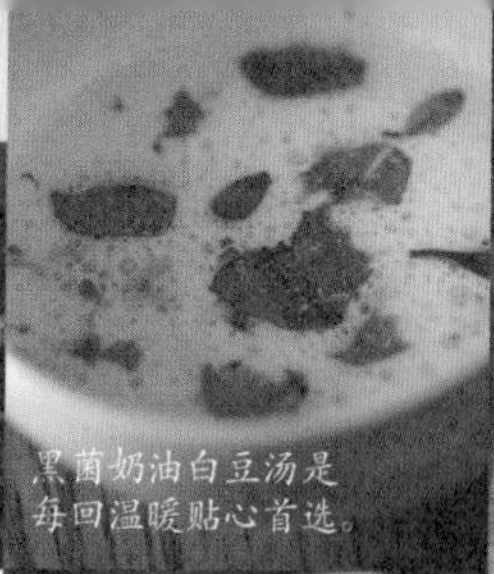
黑菌奶油白豆汤是每回温暖贴心首选。

用竹篾编织成的大型天花吊灯，光影鱼龙舞，亮了这一小段淮海中

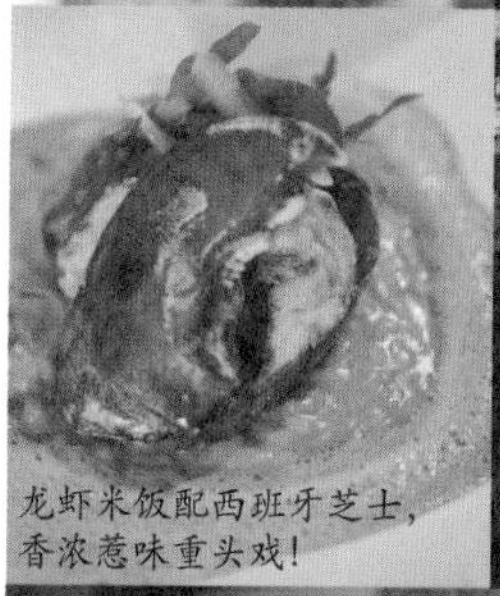
龙虾米饭配西班牙芝士，香浓惹味重头戏！

入口油香四溢的煎牛腹肉配小乾葱红酒汁是主厨 Michael 的拿手名菜。

多年老拍档，Michael & Fanny "煮"内顾外，为理想开心打拼。

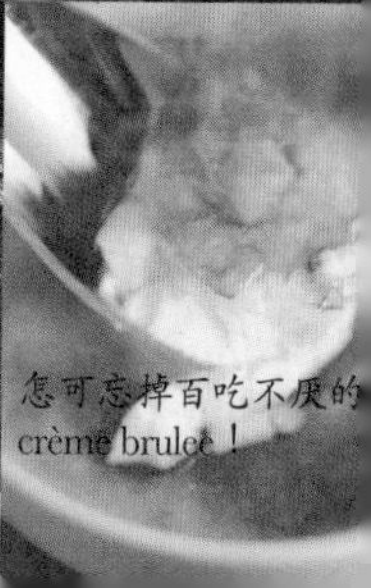
怎可忘掉百吃不厌的 crème brulee！

用上六种番茄做的沙拉，第一次可以一次尝尽不同程度的厚实酸甜，有姿势有实际的同时更有诚意。

看 John 替我们准备 carpaccio 的样子，便会明白为何"专注的男人特别吸引人"！

高任飞
商场推广部经理

经常跟 Henry 电话电邮联络谈公事，倒真的没有私下好好吃饭聊天。这回商量该吃什么菜——日本料理？他才刚从日本度假回来。茶餐厅？他又常有机会要到香港出差。就到这家有口皆碑的意大利馆子吧，为他下一回放假远行做点功课——常常觉得像 Henry 这代 80 后青年真幸福，生活和生存条件都比我们这一代好多了，更早就有更多见多识广的机会。当然希望也真的寄托在他们身上，扩阔眼界敞开胸襟，少年智则国智，少年强则国强，少年能吃爱吃懂吃……

仑是意大利面、薄饼，还是碳烤香脆猪肋排，n 都随时乐意把菜色背后的故事和心行每位食客分享交流。

Scarpetta e27

A 黄浦区蒙自路 33 号（近地铁 9 号线马当路站）
T 021-3376-8223　H 17:30-22:00

初见面，Scarpetta 的主理人 John 文质彬彬，满口流利英语，看来是位可以衣来伸手饭来张口的公子哥，聊起天来开始确定其吃货的身份，想不到原来背后更有趣故事——

这是 John 的第一个 baby，进门前先被一列看来不只装饰且实在好用的食谱书吸引着，接着一行五人占据了舒适亲和的店堂中央，长木台上每款食物的卖相都是为了吸引手机的镜头，拍够后又亲自动手把它们破相——把奶香玉米糊的芝士脆饼打碎沾着野菌吃，将冰糖柠檬跟杂锦香草沙拉与其他配料彻底拌匀，还要把金黄香炸小鱿鱼用自家制的墨汁 aioli 染黑。正当大伙准备把油花满布的澳洲神户牛肉 carpaccio 切开时，John 马上趋前请缨替我们将牛肉片卷好切成一小口，难怪网上的食评都点名大赞他们贴心的服务。

这里的薄饼不能不试，John 结合了意大利不同地区的薄饼特性，创出有自己签名式的外层松酥中间软糯的饼底，我不顾仪态直接用手拿起最获好评的蛏子文蛤薄饼边吃边听 John 说故事——自小在家深受厨艺了得的外婆和妈妈耳濡目染让他爱上做饭，早年更被旅游饮食节目 *No Reservations* 的美国大厨主持 Anthony Bourdain 大叔的超强感染力启发，最后更放弃金融业的高职走进自家厨房。

从未有接受正式厨艺训练的 John，手中开心紧握的是这些年来爱吃爱煮爱尝试的实验成果：店内的食谱书都是他细读并实践过的参考书，开店前更走遍各地亲身试菜做资料搜集，回来再逐一改良成为自家店内菜式。这份心意和热情，真的感动每一位座上嘴馋为食客。

（文：叶子骞）

de Bellotas `e8`

A 黄浦区太仓路68号（近顺昌路）
T 021-6384-1382
H 11:00-24:00

奔呀！跑呀！这一百多头被细致照顾的西班牙伊比利亚黑猪，在占地近百五公顷满布橡树的农庄里，自由地跑到橡树下吃那从每年十月到二月掉下来的橡实，人不如猪乃肯定的了！

而过了最多十八个月这样又吃橡实又吃野草又吃橄榄的日子，当黑猪发育成熟到了大约一百八十公斤，到了生命中最后的四个月，最优秀的黑猪就只会被饲以橡实——bellota 在西班牙语里就是橡实的意思。最顶级的吃橡实长大的伊比利亚黑毛猪，被制成历经至少三年甚至长达四年熟成期的火腿就是 Iberico de Bellota。

所以我们走进这家开宗明义摆明车马叫做 de Bellotas 的西班牙火腿专门店，店堂吧台上挂起的一整列肥壮火腿，服务员把火腿放在专业架子上，用刀具仔细专心的切割，然后把一片一片净肉深红、大理石脂肪雪白的近乎透明的火腿薄片小心安放盘中侍客——急不及待的我们各自捏起一片入口，细细嘴嚼慢慢回味，先是咸香再丰腴，挑逗起的醇美回甘在口中缠绕不散。

还是那个原则，要么吃最道地最好的，要么不吃。所以在 de Bellotas 先吃火腿，配适合自家口味的来自 Rioja 及 Ribera del Duero 酒区的西班牙葡萄酒或者 Estrella 啤酒，然后慢慢再点用料和烹调一样讲究的 tapas 小吃如蒜香煎鱿鱼、脆烤土豆块、香煎明虾、菠菜蛋饼、Gazpacho 冷汤等等经典，主食还可点一盘热腾喷香又有嚼劲的牛肝菌 Paella 饭……饱醉之间，身处他乡故乡何必计较……

来了来了，精选顶级伊比利亚火腿隆重登场！

置身西班牙乡村度假小筑一般的环境氛围里。

Troy Sullivan 蔡思宏
广告创意总监

周日中午跟 Troy 及他太太 Agnes 约好要碰面吃 brunch，众多选择中锁定这家友侪间口碑不错的西班牙小馆。来自澳洲的 Troy 是广告公司的创意总监，转战上海之前在香港亦工作生活过一段长时间，最有资格发表一下对两城生活异同的观感。Troy 希望上海该以香港发展中犯过的一些错误为鉴，调节过急的发展速度，着意新旧融和并存，致力打造一个真正宜居的现代化城市，至于吃的方面，两城都义无反顾吃到底，早有共识！

另一款至爱选择牛肝菌炖饭亮眼火腿依然是出色陪衬。

小小金猪是本店可爱 icon。

主厨 David 细心给我们讲解这轻度烟熏的三文鱼配上自家制黄油和鹌鹑蛋会有最细滑口感，而经典 Carpaccio 薄牛肉都是手切，配上二十四个月熟成的帕玛臣乳酪，软硬质感美妙平衡。

岩石炙烤安格斯牛脊，外焦内嫩五分熟，配上迷迭香酱汁，一口清香甘腴。

不试试主厨推荐的配上黑大蒜、初榨橄榄油、辣椒和烟熏番茄丁的 Mancini 意大利粗面，实在有枉此行。

餐后还送上浓香甜洌的 Grappa 渣酿白兰地，高调圆场。

徐沪生
诗人、
媒体人

沪生是我在许多年前初到上海第一个早上约见的第一个朋友，那时他刚参与创办《上海壹周》。这位出生于上海的扬州人，一直低调地在最闹哄哄的媒体里工作，近年他更执掌调度内容充实好看的《外滩画报》，深厚功力有目共睹。种种原因跟沪生阔别多年，难得碰上他决意出来会友。Bocca 餐桌上他轻描淡写述说过去十年坚持每天读书八小时，单是《追忆逝水年华》也前后读了三遍。我听了自是惭愧无言，难道坦白招认我过去十年每天从早吃到晚？

Bocca e3

A 黄浦区中山东二路 22 号 5 楼
（近新永安路）
T 021-6328-6598　H17:00-23:00

外滩 3 号、5 号、6 号、18 号，一直到这建于 1906 年，前身是太古洋行的南外滩 22 号，每一栋历史建筑都在百多年间特别是千禧年后几经改建重修，招商进驻了一批又一批的奢侈品牌零售商户和高档餐饮经营，前赴后继的，努力要在上海滩头留下一点奋斗痕迹。我们作为嘴馋食客，在四季日夜变化的临江景色和不同装潢主题与风格的餐厅中，体验来自全球各地经验丰富技术优秀的厨师和服务团队的心血结晶，接触到上天下海搜集来的不同食材不同配搭不同烹调方法。所以我们是幸运的，是要心存感激更要以行动来尊重回应的——至少我认为这是出外用餐的一种良好心态。

因此我预订好座位在 Bocca 跟多年老友沪生重聚，准备好好梳理一下阔别多年各自的状况，却因为邻座一群团体聚餐的中年叔叔阿姨们有点过大的声浪和动作，致令我们两个男子都必须面对面贴得很近才听到对方说话的声音，有点尴尬但也随即舒怀。大庭广众难得肆无忌惮高谈阔论，就让这批老同学？老同事？尽情开心吧！来自意大利 Tuscany 地区的主厨 David Bassan 也笑咪咪地数番来往放大嗓门跟我们详解每道前菜和主菜的精选食材巧妙心思和烹调技法，我们也乐意接受这是意大利和中国餐馆里共通的起哄热闹，食不厌精当然也食不厌吵。

因为开心，我们这也想试那也想吃的看着菜单点呀点呀，来了一桌好菜而且份量不少，怎样吃也吃不完——最怕浪费的我当然坚持把食物打包，这也该是新一代 fine dining in a casual way "礼仪" 的一种。跟主厨 David 微笑道别说声感谢，你的心机努力将有更多家人朋友分享到。

HAI by Goga s22

A 徐汇区岳阳路1号7楼
T 021-3461-7893
H 17:00-24:00（周日休息）

去餐厅吃饭尝新，尤其是第一次光顾，当然要细看菜牌。

菜牌形式多样：厚厚一本的、薄薄一纸的、写好贴在四周墙上的彩纸、写好挂在墙上的竹板木板，又或压在桌上玻璃台面下，最厉害，应该是没有菜牌的店，主厨高高兴兴给你吃什么你就得开开心心吃什么。

点菜是个学问这点不用说，把一家餐厅不同时期的餐牌好好分析研读，梳理出主厨和老板的饮食经营思路，那就是一个饮食文化和市场策略研究学科了。好事八卦的我多年来一直收集吃过未吃过的中外餐厅的餐牌，有明正言顺向店家要的，有对不起顺手牵羊偷偷留着的，如果两者都不得逞，也得拿出 iPhone 在晕黄灯光下把餐牌一页一页拍下来，日后仔细一边回看一边流口水。

本来订了为食老友们盛赞的 Goga，但订座客人太多餐厅座位太小，早到了的我就被安排到系出同门，同样由美国大厨 Brad Turley 策划主持的 HAI by Goga，地点在岳阳路 Goga 餐厅旁边转入，经过氛围奇特的国营教育宾馆大堂，电梯直抵七楼柳暗花明。

位处宾馆七楼的 HAI 主体是个玻璃房子，外面连着阳台，空间还是有点小，围坐必须亲密，但一看那一纸餐牌上面的菜式就很有期待：Bacon Blue 沙拉有香梨、芹菜、蓝乳酪和烟脊肉，椰子脆炸虾伴的是芒果辣酱，无锡黑猪五花肉配的是味噌枫糖芥末和蒜味蛋黄金枪鱼酱，原籍南美的 Ceviche 海鲜杂拌走出越南风，撒满炸红葱头和腰果碎，招牌签名作 GOGA Silders 小汉堡分别配的是青芥末蛋黄酱、蓝乳酪和红葱头果酱，伴以鹅油炸的薯条……还未点菜我就赶紧用手机把餐牌内容拍下，免得待会吃得兴起忘了这个很有参考和纪念价值的私人珍藏。好了，我约的朋友刚到了，混搭得有气有力有趣的美味在前，我们可以开始讨论今晚点什么菜了……

居高临下，上海城中夜色有了另一个角度。

无锡黑猪五花肉配上味噌枫糖芥末，口口甘腴甜蜜。

戴雪飞
公关公司
总经理

周五晚上，Faye 跟我们吃过 HAI by Goga 这一顿混搭创意十足，食材讲究，烹调到家且有惊喜的晚饭之后，还约了女朋友们在附近喝酒小聚。毕竟涉足媒体然后转向品牌公关市场推广领域的她，在上海这个充满各种机会的都市，每天都有新灵感新挑战。就像这里的主人 Brad Turley，米自旧金山，先后在夏威夷、纽约、越南师从名厨工作过，最后选择留驻上海，协助筹组不同餐厅，眨眼就是八年——就像 Faye 一样，生活圈子里有多元文化活泼共存，肯定眼界开阔见识过人。

主厨的游走经历令菜色创作混搭出多元文化惊喜，Ceviche 海鲜杂拌有越南风。

138

不要小觑
这会议室一样的密封空间，
一场声光影色香味超级飨宴，
一星期五晚准时登场。

UV 灵魂人物主厨 Paul Pairet
亲自为其创意菜式做 final touch。

图片提供：Scott Wright of Limelight Studio.

Truffle Burnt Soup Bread
在荒凉枯木林投影，
白桦木香气中登场，
松软 creamy 一口，
松露香满胸臆。

你收到电邮的指示，傍晚六时三十分准时到达外滩 18 号的 Mr & Mrs Bund，即使你多么喜爱这里的松露鸭肝酱和柑橘罐蒸大虾，但你千万不要嘴馋放开吃。你今天晚上的任务，是要在这里集合，喝过一杯诺曼地梨子开胃酒，收到一张 A2 大小的薄纸印着一堆看了也不太明白的关键词：Ostie、Apple-Wasabi、Gothic Church、Hell's Bells……然后你和另外九个人同行，坐上一辆专车，越过苏州河，到了一个你完全陌生的旧社区，进入一家曾经废弃的仓库，金属门打开，经过幽暗走道，进入一个赤裸裸没有装饰只有一张大桌十张办公室座椅的密室，四周包围你的全是一片紫蓝 ultra violet，你知道，你的感官全方位美食之旅马上开始。

接着下来的四个半小时，你看到的，闻到的，听到的，触摸到的，然后吃得到的，卖个关子，都该由你亲历其境体验究竟。你为人处事有多压抑多敏感多矜持、多开放多冷静多兴奋，完全在这二十多道菜的进食过程里表露无遗。这当然不是一顿普通的晚宴，一个星期只有五晚，每晚只有十个客人有机会体验主厨 Paul Pairet 和他的二十六人团队为你准备的情感，潜意识和五感探索。用主厨的话来说，这是 psycho taste，吃喝的同时开启更多味蕾以外的感官想象。

嘴馋为食一众对法籍主厨 Paul Pairet 当然不陌生，当年抵沪以翡翠 36 一鸣惊人，再是开业红火至今的 Mr & Mrs Bund，然后他终于把他一个酝酿了十五年的概念，希望用上最前卫最实验的烹调手法，彰显他幽默开放的个性，重现十八世纪法国 table d'hôte 厨师主导的形式，同时又让客人在饱餐的同时有所思想有所得——得知有如此好玩有趣的一个饮食经验，我当然蠢蠢欲试，更寻根究底地争取在晚宴之前探班，在实验室一样的厨房，电视台制作室一样的后台和正在测试声光投影的用餐现场，小心谨慎来回八卦。当我劈头一句直接问 Paul 做人做事有没有 limitation，他很肯定地说没有，no limit by nature。如果有，也就是自己灵感创意能力未及而造成的牵制。他很庆幸有投资方 VOL 餐饮集团的全力支持，有一众顶级品牌的赞助合作，也能在上海这个最有接受能力最多发展空间和机会的城市启动了 UV 这个项目——谈得兴起，Paul 告诉我他平日最爱吃的是简单不过的鸡蛋和猪肉，吃喝本该就是放松凭直觉的一回事。我就再一次地确定面前这场声光影色香味是义无反顾的爱食物爱自己的飨宴。

料理精神

上海对日本，日本对上海，着实有说不清讲不尽的复杂情结。

大的避不开要直面历史，解或不解政治和经济上的纠结关系；小的谈到文化时尚，饮食生活，也真的息息相关互为牵引。

思路混乱之下，很想八卦一下曾经留学日本的鲁迅先生当年选择到上海躲进"且介亭"（租界二字各取一半），在虹口区的家居附近有否偷偷光顾应该开有不少的日本料理店？最怀念最喜欢吃的又是什么？先生诗中"且持厄酒吃河豚"的河豚是否以日式涮涮锅吃法？翻开我一直珍藏的由日本奇才作家海野弘先生在1985年编写出版的有大量当年盛极的上海漫画穿插其中的《上海摩登》一书，书中"吃的世相"一文就一口气整理出上海俗语中种种的吃／喫：喫看、喫盐、喫醋、喫血、喫亏、喫糖片、喫独食、喫挂面、喫豆腐、喫洋饭、喫火柴、喫墨水、喫卫生丸、喫白相饭、喫恋爱饭、喫快活饭……而回到自家几年前到上海闻风专程拜访的十分喜欢的"小小咖啡馆"，就是由一位曾经在"无印良品"工作，来到上海一见钟情一住至今，安静害羞的日本女子代岛法子小姐开设的。现今她虽然把咖啡馆关了，但还是一直在设计自家的陶瓷和家具与朋友分享，以极简的方法在上海的喧闹以外好好生活着。

想多了说远了，但在这种沪日情结底下，我们在上海"消费"日本料理自当别有一番滋味。吃是口腹层面的也是精神层面的，更不必多说日本料理那一直为大家称道的对食材的尊重，对烹调技术的专注，对管理和服务细节的重视——从和风的"和"到调和的"和"，实在可堪玩味。

Sushi Oyama 鮨大山 ⑤

A 徐汇区东湖路20号
　邸雅居2楼（近淮海路口）
T 021-5404-7705
H 18:30-22:30（周日休息）

来Oyama鮨大山晚宴，你得保证自己在一个最好的状态！

因为你不仅是来满足口腹之欲，你是在参与一场求真至善耽美的演出。全场目光焦点不仅在主厨大山健男先生身上，不仅在那些产地直送的新鲜矜贵海产食材上，同时也落在尽兴尽情举杯共饭持著细味的食客你我身上。一期一会，一顿饭也是一台戏，真不能粗率失场！

单看帅哥主厨大山师傅一边细致纯熟的切割握捏，然后在你座前的桌面，把那鲜美甘腴的生鱼片置于松散与紧实之间的寿司饭团上，一边又谈笑风生地跟你说起怎么从家乡广岛到冈山拜师，到东京银座七丁目修炼，再到香港到澳洲到美国打拼累积，然后终于落户上海打出名堂自成一家——你已经可以一口美味又一声惊叹地耳闻目睹一个花美男版的奋斗成功真人秀。所以你我又怎能只扮演冷淡观众而不全情投入，掀起比这金枪鱼鱼腹、野生鰤鱼，富山虾和小鳍鱼种种生鲜弹甜唥唥入口更要high的互动高潮呢？再升级的当然是在一口吃下混有井蟹肉、海胆和三文鱼籽的奢华饭食之后，自斟亦回敬大山师傅一杯清冽的极上大吟酿，极乐之乐莫如此。

难怪能够跨越世纪的几个关键词就是投入、互动、分享、创造附加值。一群人、一顿饭，一个社会一个世界，遇强愈强，皆如是。

千锤百炼，才有如此利落灵巧的手势。

花美男华丽秀，晚晚精彩上演。

产地直送的海产食材至为讲究，坚持用网捕的鱼获，比钓钓的同类肉质口感更细致鲜甜！

散葱鱼腹手卷，肥美清鲜，我的至爱！

再忙，
也还是淡定应对。

室内室外装潢格局都是
低调一路。

唐彦
漫画家
教师

唐彦很忙，忙着备课、忙着教学、忙着创作漫画专栏"少年风物志"，忙着编辑SC漫画团队的单行本和策划一众漫画同好的海内外交流和展览活动，大抵没有时间自家烧菜做饭了。上一回进厨房可会是在日本留学时的兼职打工？大叔小叔两代漫画人共饭又兴致勃勃的谈起了未来合作计划那岂不是更加更忙？

季节"旬物"
可遇不可求。

身边好友谈起他在
日本留学的点滴。

石见 n19

A 静安区北京西路 991 号（近江宁路）
T 02-6217-9872
H 11:30-14:00 / 17:30-22:30

其实我很清楚明白如何才能好好坐下来吃一顿饭——先有好心情，进门有礼貌，前后讲规矩，席间少说话，吃喝不慌不忙，份量不多不少……可是我偏偏就是破坏王，因为工作经常影响甚至破坏兴趣，虽然大家都觉得我一路吃得很爽。

从地铁出来走了好一段路才看到"石见"的素净外墙小小店招，推门内进也是优雅淡定，无奢华装饰的简单布置，很得我喜欢所以心情其实很好。但同行助手一拿出照相机，服务员就礼貌示意不可拍摄，直问我们是否来自XX点评——我只觉十分尴尬，但工作需要，又得继续周旋协调。终于老板兼总厨和颜悦色地放行，倒是我自知举起相机前后左右更换角度用心拍完这一道又一道端上来的好菜之后，其实菜都开始凉了，没能吃到最好的温度，更何况一边吃一边要跟忙碌着的总厨闲聊经营理念烹调心得未来发展——要能在一顿饭内完成这所有任务又不分心影响进食过程舌尖美味，实在是恒常挑战。

老板像看出我的纠结，更淡定地一道一道上菜：先来鲜甜肥美生鱼片小拼，再上软滑入味的味噌煮牛舌，天妇罗野菜拼盘和烧鱼都是水准以上，特别推荐的汁烧竹笋也爽脆恰好，至于同桌一众分别点的松花堂便当，金枪鱼盖饭和鳗鱼盖饭，一一都吃得十分滋味，之前的慌忙浮躁慢慢平复下来。老板也利用空档时间，娓娓道来他从二十岁投身厨房，到日本取经两年后回来先到北京再回上海创业的经过。做出准确到位的日本菜并没有难度，倒是如何培养训练和管理新人就得费心劳神。所谓素质，其实是世界观的问题——老板一下子把对话提到这个高度，叫我又紧张起来了。

酒吞 **W22**

A 闵行区金汇路先锋街85号（近吴中路）
T 021-3431-7779
H 11:00-14:00 / 17:00-22:00

人真是奇怪，有些时候要吃少吃精致吃幽微细节，有些时候要吃饱吃豪迈吃吵闹大环境；午餐时斤斤计较不愿多花一毛钱，晚餐又一掷千金一声不哼；一会儿严格讲究纯粹正宗道地，一会儿又鼓励混搭碰击搞搞新意思；更不要说口味今天浓重明天清淡，这几个月吃素下几个月无肉不欢。这就是人这就是你我，难得的是不隐瞒，明知自己资源有限水准一般也要努力争取一路吃喝，见自己见天地见众生。

说了这么一堆话，其实一点也不纠结，即使我走进酒吞看见女服务员们都穿着好像练剑道的制服，不会怀疑怕被她们当头斩。看见三文鱼背刺身上来简直厚切大大块，也不会怪厨师不按日本传统规矩不照顾客人口感，因为这正是十分有台湾性格的日料经营，不便宜但超满足——这在一盘五只超肥美超大只牡丹虾出场之际更能深刻体验。还有同样壮观的鰤鱼背，眼前就好像只有大鱼大肉四个大字。

因此更一发不可收拾地再点华丽如春的海鲜迷你盖饭，一碗堆得满满的各式各色生鱼片铺在薄薄米饭上，简直盖也盖不住。牡丹虾头一转身回来三只炸得金黄酥脆两只做成鲜美味噌汤，再试试烧年糕又黏又韧无法放手——人真是奇怪，这么容易就开心满足，而且吃饱饭马上想睡个午觉了。

花的都是自己荷包的钱，不吝啬，眼见盘盘都是肥美饱满，就开心。

王明珠
制片人

虾身肥大虾头结实虾骨饱满，一字排开好壮观。

家里没有姐姐，就把 Alice 当成我姐，虽然她的年龄实际比我还小。作为广告制片人，全球城市街巷荒山野岭走透透，什么不可能安排不可能做到的都被她妥贴搞定。至于每回在日本餐厅吃饭点菜，我完全轻松放手让姐料理。一是她的标准日语，二是她兼顾好吃又好看，拍出来每一张照片都有这制片人的功劳。

一虾三吃不停口。

位处幽静街区的 Haiku，室内装潢简约素静，与活泼反叛的手卷巧妙呼应。

辣酱汁是亮相手法亦是点题滋味。

高明
公关副总裁

作为一个道道地地的上海人，一个资深吃货，一个公关界大哥，高明跟我一边喊辣一边把菜青虫卷红色炸弹卷消灭掉，一边谈上海街头黑暗料理靠谱与否，国营食肆老字号服务员大妈们不冷不热的态度，沪上大小餐厅兴衰起落以及一个创意品牌如何在市场上不断增值不断保持竞争力。然后临走时他送我北京同仁堂的大山楂丸一盒十粒，开胃消滞，一如我们在社会中自觉扮演的角色。

午间轻食来点冰冻日本清酒最舒服惬意。

Haiku　隐泉之语

A 徐汇区桃江路 28 号 – 乙（近衡山路）
T 021-6445-0021
H 11:30–14:00 / 17:30–22:00
（周一至周四、周日）
　11:30–14:00 / 17:30–22:45（周五、六）

火警卷、犀卷、黑寡妇卷、龙卷、佳丽卷、G 卷、Q 卷、瓢虫卷、蜘蛛卷、摩托罗拉卷、忍者卷、厚脸皮卷、爱情不怕辣卷……

接着下来是你卷还是我卷？其实这正是创意十足的餐厅东主艾伦最期待顾客积极投入参与的一趟互动。在美国加州长大的这位美籍华人，对上世纪七十年代洛杉矶 Tokyo Kaikan 餐厅由日裔厨师 Ichiro Mashita 始创的反卷式寿司，后来正名为 Kashuu Maki 加州卷的这种美日式食物当然有深厚感情。传统加州卷把蟹肉、青瓜、飞鱼籽等等本来被紫菜包在饭卷以内的食材反露在外，亦大胆加进了美国以至中美南美都喜爱的酪梨作为标志食材，浇上各种程度和口味的辣椒酱，一推出就迅速受到群众接受热捧。

艾伦早年来到中国拓展餐饮事业，就是以引进这当年还未在中国普及的加州卷打响名堂赢得掌声。寿司反卷中食材的实验性配搭，看似随意戏谑但又计算精准的取名，加上餐厅的装潢设计氛围营造，服务员和厨师的细致专注用心，一一都是顾客满意回头再来的原因。老友在旁，天南地北畅谈，大胆放肆开吃，看看今天谁卷谁？

鱼藏 e23

A 黄浦区复兴中路507弄
　思南公馆（近思南路）
T 021-64180422
H 17:30-23:00

为食上海来到最后阶段，身边老师同伴都各有任务相继回港，整整六周大家努力寻味，精彩的深刻的感动的好味都一一铭记。这一餐，来到上海日本料理界定位高端的鱼藏，赏味能量又再次推上高峰。

从友侪口中得知，鱼藏最初开业于上海西郊虹桥区的虹梅路上，周边都住满日本侨民，满布大大小小各式日本料理店。难得的是鱼藏坚持新鲜至上，每天从日本空运急冻上乘食材到沪，得到一众热爱日料的食客支持，慢慢扩展版图至今连开三家分店。

美食当前并非一人能够独享，急忙找来友人阿花前往思南路店一起用餐。甫登店内，视野立即左右二分，偌大店面分区明确，右边顺着一排小包厢，以麻石及铁锈图腾屏障建构出开放通透但不失私密的用餐空间，左边则以开放曲尺吧台用餐区为主，让客人近距离亲睹料理师傅一展手艺。

点了的菜陆续上桌：首先来的六品刺身拼盘，内有海胆三文Toro鲕鱼丹虾赤贝，都是来自长崎、挪威和加拿大的海洋鲜味。跟着内藏银杏及香菇的鳕蟹炖玉子，水润嫩滑小心烫口，还有主打的招牌鳗鱼饭，鳗鱼油香满满渗透粒粒香糯米饭，伴着肥美烤香了的鳗鱼一并入口不得了！就这三道美味已经叫我心满意足，接着还点了香口葱味炸物及味噌烤鸡，把余下quota统统占据。

饱满富足明日打道回府只怕家里的伴认不出我来。

（文：陈迪新）

极有卖相的六品刺身上场，
跟你来个注目礼。

饱吸鳗鱼酱油的米饭，
分量也比想象中更多。

呼—呼—烫嘴呀！

烧烤舞台前上下排开的是生鲜蔬菜和海产鱼获，现点现烤气氛和气温都高。

宏亮吆喝中递到你面前的美味怎能抗拒！

生的还在吃，熟的又陆续登场了。

龙之介 W21

A 徐汇区虹梅路 2988 号（近吴中路）
T 021-6401-2880
H 17:00-23:00

记得当年真的上了两年法语课，学了半年意大利文，还有那断断续续的日语课，我的目的都很直接简单，就是为了在当地餐厅里能看懂餐牌点到自己要吃要喝的，能和服务员和厨师聊上几句，也能在菜市场中与菜农鱼贩以及卖手工乳酪的卖自家采蜂蜜的卖烤鸡的炖牛肚的店主直接对话，这不仅是客观需要也是基本礼貌。

所以当我走进日本料理店被店员们齐声招呼，在炉端烧店内有如舞台的烧烤摊前被厨师长以长柄木铲把热腾腾的烤物递送到安坐炉端的我们跟前，并大声吆喝烤玉米上来了烤鸡翅上来了的时候，我直觉只懂点头微笑是很勉强甚至尴尬的。

所以怎么也得争取与日语了得的老友同来吃喝，即使店里菜牌中英日文兼备，但总觉得用日语叫出想吃的这种那种食物的名字和做法，厨师长会做出更道地更正点的菜。所以这天晚上开口点菜的任务全交给 Alice 和 父俏了，从酪梨沙拉、海鲜泡菜纳豆、赤贝和竹荚鱼刺身，到烤玉米烤洋葱烤茭白烤小青椒，以至炭烤明太子、烤味噌芝士、带骨小香肠、烤秋刀鱼、烤鸡翅、烤饭团和梅干泡饭，我只需要点头傻笑，开心吃喝，做一个最称职的饭人——其实如今就连炉端烧发源地北海道钏路地区的老店，东京六本木的炉端烧名店"田舍家"，也都放下身段急急备有中文餐牌了，在可见未来我学懂日语的机会几乎等于零。

和萌牛肠烧烤店（ホルモン酒场）w13

A 长宁区儿霞路 686 号（近安龙路）
T 021-6208-8028
H 17:00-03:00

累到不行了,把堆叠的文件留在案头,把手机关掉之前约好他和她和他在闹烘烘热气腾腾火光熊熊的这家店里等吧!

来过一次,再来一次,冒着上火的险又再来一次,并不糊涂但难得放肆——在这个总是有几桌日本大叔在互斟对饮,有几桌年轻男女一边吃喝一边喧哗嬉戏,还有小帅哥小美女服务员在礼貌殷勤斟酒递菜的ホルモン酒场,还这么讨好地改了一个中文店名叫和萌——愈萌就愈重口味!独家由大连提供的黑毛和牛肉是正点,牛舌、牛小肠、横膈膜、牛肝一路重口下去,可以自家耐心边烤边喝边吃,也可以麻烦服务员代劳。不同部位的牛肉不同内脏各有烧烤时间各有肥瘦甘腴各有软韧嚼劲,一轮又一轮之后主角牛肠锅隆重登场:份量充足的牛肠牛杂在蔬菜浓汤中浮沉,香浓扑面,胃口好的还得点一客葱油饭,呷一口汤拨一口饭,饱暖和味实在再无所求。是的,饮饱食醉之后,很久没有出来露面的青春痘终于现身了。

谿出去,牛小肠又肥又脆,牛肝滑嫩,横膈膜软韧奇妙。

炭火现烤,火苗抢出滋滋油香。

论份量论口味忌觉这是一锅超级和魂罗宋汤!

纯熟的手势，把上好的
食材烤得鲜嫩甜美，
刚刚好。

Kim
设计师

早就留意这位在男鞋设计领
域有很厉害表现的男孩，终
于在一次媒体聚会中碰面，
还有幸把一个创作荣誉奖项
颁到他手中。能够看到中国
设计新一代在种种艰难现实
中灵活主动的磨练出够强够
硬的身段，我们这些大叔得
重头赶上了——老师，来喝
一杯，Kim 把清酒递过来
——当然奉陪，我开心不已
回答说。

小小一串又一串，
都是创意的精心配置。

吃吧喝吧，一期一会
不只一串。

Kota's Kitchen s37

A 徐汇区斜土路 2905 号（近零陵路）
T 021-6481-2005
H 18:00-01:00

夜了，刚跟上司纠缠完正要下班的，
刚上完日语课的，刚在健身房举完重
跑完步的，刚看完电影的，甚至跟客
户已经吃完晚饭但其实只顾说话并没
有吃到什么的，都来吧都来吧！夜正
年轻，吃喝可以再开始。

在 Kota's Kitchen 的分店认识了负责
人王帅军，他说老客人都爱到斜土路
本店那边聚旧。我恃老卖老，就把一
群长驻上海的路过上海的新朋旧友都
约去凑兴了。有什么比在对的时候跟
对的人吃对喝对更高兴？ 更不要说一
进门就有永远的偶像 The Beatles 在
守护着一室永不长大（至少永远年轻）
的孩子！

日式居酒屋烧烤店，从形式到内容既
有强烈日本本土特式，亦愈来愈国际
化，考证了我一向坚持的愈在地就愈
全球的说法。烤杏鲍菇 PK 烤酪梨，
山药泥拌蘑菇旁边是烤金必宝芝士配
陈醋，烤鸡块与炸豆腐结合，烤牛舌
烤京葱鸡块烤猪颈肉蘸什么酱料就变
出什么风味。环顾四周，五湖四海为
了吃喝为了分享都走到一起来了。有
多少邂逅有多少发展有多少升华，就
在这晕黄灯光下香气萦绕中进行；有
多少古灵精怪的创意，就在这杯盘相
叠酒杯互碰中酝酿诞生——

漫漫长夜，再来一串又一串，一转又
一转。

深宵发帖

第二章之十一

晚饭饱餐过后，转移阵地甜品吃过了，电影散场了，K 完歌了，本该各自回酒店回家了，但身边一众还是情深如许难舍难分。在一次又一次的拥抱吻别，挥手拜拜，终于有人打车有人走路各散西东之后，一通紧急电话还是会把已在路上的大家呼召回来，我们再去吃一宵一夜！

人生在世本就有太多挣扎纠缠，苦苦压抑限制自己不能不能不能吃宵夜实在是件很不人道的事。理智与情感看来平衡得不错的我其实不感冒政治对错，只在意喜欢不喜欢，好吃不好吃——更何况又不是夜夜通宵吃到天亮。

夜上海的宵夜吃喝选择其实不少，从喝点小酒配些下酒小吃的静态行为，一直吃到浑身解数的比正餐还要夸张厉害的高端火锅店、港式茶餐厅、潮汕海鲜店、大排档、砂锅粥店，还有归类做黑暗料理的，把早点当宵夜吃的豆浆油条大饼粢饭、大小馄饨、浇头面、烧烤炸物……

再再饱餐之后在午夜街头半醉半醒踟蹰前行，有一件事刚才太得意吃到忘形忘了做必须赶紧动作：深宵发帖，报复社会！

The Long Bar n16

A 黄浦区广东路中山东一路上海外滩
　华尔道夫酒店会所大堂楼层
T 021-6322-9988
H 16:00-01:00（周一至周六）
　14:00-01:00（周日）

我想我是喝多了。

时为 1910 年 3 月，几经转折我约好英国大班威廉史密夫，建筑师塔蓝特毛利斯和室内设计师下田菊太郎，在上海黄浦滩三号 Shanghai Club 这刚新建落成的英国古典主义风格的建筑物大堂的酒吧见面。之前这里砖木结构的旧楼也叫 Shanghai Club，1864 年就开张了。在上海居住六个月以上的外国人付了年费才可加入，在这里用餐、会客、借书、集会、喝酒。会员大多是英国人，中国人管这里叫做"英国总会"。

踏进新世纪，俱乐部会员再次募捐，拆了旧楼建起外滩第一栋以钢筋混凝土结构石材外貌的大楼。楼外大门顶伸出八米的铁格玻璃蓬很有气派，那天正遇上下雨，进门后沿着扶梯回旋而上却脚下一滑，幸好侍者趋前赶紧一扶才没有跌倒。坐在大家直称 The Long Bar 的酒吧里，约了的三位客人还未到达，晕黄灯光下那 34 米长的红木吧台更显厉害突出。后来我才知道这曾经是远东地区最长的一张吧台，到上海游玩的外国人都会慕名来见识一下，才算到过上海。

奇怪！这本来只让会员及游客进入的酒吧，为什么忽地挤满了身穿水手服和船长服的不同国籍的海员——时为上世纪五十年代，这个酒吧间已经变身国际海员俱乐部。

然后风起云涌，这幢建筑物的外墙挂上了东风饭店的招牌，再转头那见证了上海滩兴衰历史的长吧台竟被解体拆毁！四周满是上海公公婆婆拖着孙儿到来凑热闹尝鲜吃炸鸡——上海第一家肯德基连锁快餐就开在这历史地标！

自从华尔道夫酒店进驻这历史建筑，按当年设计原图重现这经典酒吧台，每个细节元素和木护墙都修复如旧，一切为了忘却的纪念。

禁酒令年代，老华尔道夫酒店的一位酒保在古巴"发明"了用茶杯载鸡尾酒，昵称 Waldorf Queen。

必尝这纽约华尔道夫酒店经典美味 Waldorf Salad 以蟹肉、芹菜和苹果拌配撒上核桃仁和葡萄干点缀

我点的 Waldorf Cup 香槟鸡尾酒上来了，这混有 Marasquino 樱桃利口酒、Benedictine 甜酒、干邑香槟和柠檬皮的鸡尾酒是 1891 年纽约华尔道夫酒店的调酒师的一个杰作，喝着喝着那 34 米长的红木酒吧台又在我眼前完整无缺地再现了。身边的一对中年男女在 Louis Armstrong 的浑厚乐观歌声下深情一吻，我想，我还可以再来一杯……

因为不懂，更要跟着资深酒鬼来喝威士忌，向店中的专业酒师请教，关于大麦和水质，关于蒸馏器的秘密和木桶对酒体的影响……

Al's Single Malt s30

A 徐汇区永嘉路 557 路（近乌鲁木齐南路）
T 021-5466-5708
H 晚上至深夜

不懂就是不懂，不要也不能装懂——对于我这个威士忌门外汉来说，平日看着身边伴和老朋友在家里深宵餐桌旁，摇着酒杯喝着这琥珀色的有着一股呛鼻的消毒药水气味，喝来像烟熏火腿，是甜亦苦再回甘的威士忌之际，我只能吃着酒瓶旁那一碟干果。但这回在上海，受俏在饱餐酒后兴致勃勃地怎么也要去喝一杯单一麦芽，我只好舍命陪君子。

小小的吧台前我面对高高酒架上二百多种按产区分为斯贝塞、高地、低地、艾雷岛、日本、美国等等来源和口味的威士忌，眼花撩乱就更显老累——对了，略带沧桑的大叔被分配到一小杯据说很难得的额外熟成的极品，幽微当中小口呷出一种难以言喻的滋味和格调——一如村上春树所言：总是梦想着在仅有的幸福瞬间活着，梦想着我们的语言是威士忌……

Le Bistro du Dr. Wine s3

A 静安区富民路 177 号（近巨鹿路）
T 021-5403-5717
H 19:30- 深夜

如果你不介意握着你的目标对象的小手／大手正要向她／他说出那私下演练了几十次的一番话之际，身边耳畔其实不用竖起耳朵也能同时听到同桌另外两对情侣三组同事五个应该是旧同学的在悄悄话在轰轰笑在闹翻天。

所谓人是社会动物，在 Dr. Wine 这里得到了最好的诠释，而且这些动物都喝酒，从一两百块的法国超市葡萄酒喝到据说价值四万五千元的 82 年拉菲，都能在这里一一喝得尽兴。

新朋旧友碰面，喝酒聊天是目的也是意义，夜正年轻，反正老了也会喝下去。

刻意打造一个仓库一样的 rustic 环境气氛，一众客人愈放松愈喝愈 high。

Salon de Salon `w11`

A 长宁区华山路 1220 弄 6 号绅公馆大堂
T 021-5256-9977
H 15:00- 深夜

我庆幸我还年轻，仍会被一句坦率真诚的话语深深打动——在我面前吧台后的 Jackie 对我说，自他出道当调酒师以来，调出的每一杯鸡尾酒都未曾重复！他要让客人在每天不同的心情中喝到不一样的味觉感受。他在酒吧间跟客人轻松聊天，观察感受对方的心情状态，然后让客人在上百个酒杯中挑出自己喜欢的一个，Jackie 就开始严肃认真同时生猛活泼地在你面前选料，配调，摇混，装杯——一气呵成的他调出的我喝下去的并非什么独特秘方，却是有交流沟通的灵魂，是当下此刻激活飞扬的生命力。

Boxing Cat `e20`

A 黄浦区复兴中路 519 号思南公馆
　26A 栋（近思南路）
T 021-6426-0360
H 17:00-02:00（周一至周四）
　15:00-02:00（周五）
　10:00-02:00（周六周日）

我的酒量其实不算好，喝上两大杯啤酒也会晃呀晃的想睡觉，但我倒是总有机会跟这里那里这位那位新朋旧友在各地的啤酒屋里碰面聊天，喝到各有性格各有口味的啤酒：黑的白的、甘的苦的、浓的淡的、冰得咧牙的暖得温吞的、最爱各种水果香味的，还有最近喝到的不含酒精的……啤酒中的显赫名牌固然有保证，但独立小店自酿的啤酒往往更有创意更吸引。来到上海跟老友见面八卦喝啤酒，思南公馆上的 Boxing Cat 装潢和菜单有着美国墨西哥边境 Route 10 沿线那些酒馆的感觉，酿酒师 Gary Heyne 在店内自酿啤酒，好奇的你可以点一套四小杯先尝各种口味——我偏爱 TKO India Pale Ale 这种当年供英国船员往印度航海途中饮用的黄铜色泽啤酒，酒精含量偏高，苦涩味厚重，正合我意！

在有如贵族大宅客厅的华丽典雅氛围中，Salon de Salon 是一个以酒待客交心的私密好地方。

头顶亚太调酒冠军光环，Jackie 一贯的热情好客、专注同时细腻，最擅长把自家酿脆的水果酒和糖浆以及时令水果运用到鸡尾酒创作中。

李照兴
作家、
媒体人

跟 Bono 一边"队啤"一边开玩笑说，他是香港特别行政区驻京上广非官首席另类人大代表，所属功能组别应该是文化艺术娱乐生活饮食界。香港同胞新一代对内地的认知要够深入细致，都必得熟读他的《潮爆中国》和《燃后中国》，既论政经又谈风月，武林远逝江湖在此。如果啤酒是虚虚的，那迷你牛肉汉堡和芝士薯条倒是实实在在的。

躲进小楼成一统，有自酿啤酒有自制面和香肠甚至酸奶，八卦到天亮。

黑白双色为基调的室内装潢，
食器餐具都泛闪银光，
优雅的宵夜环境绝对匹配
上海这一个不夜城。

吴毅文
岛主CEO

火锅最讲究的当然是食材，
顶级黑毛和牛无论薄片切块，
都是为了大家的口感享受。

流行有说每一次偶遇都是久别重逢，而在上海跟"失散"多年的香港老朋友Raymond吴大哥久别重逢而且就约在洋房里吃火锅，就真的是两个为食中年前缘再续了。同饮饮食食一直有缘分的Raymond转战内地，在品牌策略营销界则已是领军人物，对各类产品如何在市场上准确定位最有眼光心得。笑求大哥给我指点定位——吃，吃到底！他义无反顾地说。

小小一碗汤鲜料足的泡饭
为深宵再添饱暖幸福。

洋房火锅 s23

A 徐汇区岳阳路1号（近汾阳路）
T 021-3368-0677
H 10:00-24:00

如果你对宵夜的认识还仅限于街边大排档、烧烤炸串、麻辣火锅和茶餐厅，那你的觅食之夜实在算不上完整。宵夜不一定非要在黑夜的月色中黑灯瞎火的巷子里摸黑吞食，它也可以是很舒适很惬意很享受的高级港式火锅。

认识这家店还真得多亏老友文林，我们都是南麓浙里餐厅的忠实粉丝，对于老板孙惟精挑细选讲究食材的脾性自然熟知。这家开在独栋小洋房中的港式火锅店，当然也以孙惟一贯对食材的考究而大受赞许。金华猪骨熬的汤底香浓鲜甜，油脂雪花分明的极品澳洲黑毛和牛，粉嫩肌理纹路的黑豚肉，肉质细腻蟹味浓郁的北海道毛蟹，新鲜黄门鳝打成鱼浆再拍皮制作而成的鱼皮饺子，弹牙的虾丸墨鱼丸和鲜美的鲮鱼球，甚至蔬菜都是各个水灵灵的模样，吃来当然爽脆清甜。

这样一大锅的打边炉吃起来才够尽兴够回味，那种一人一锅的小火锅实在大大阻隔了食友们之间互相涮肉或偷偷撩菜的小乐趣。一轮轮的捞涮后，味蕾和心情当然都得到双重的大满足。

嗯！宵夜就一定是大刀阔斧的挥汗淋漓？在洋房里吃一顿重质重材的港式火锅，也是清新优雅的另一种宵夜演绎。

（文：踏踏）

老绍兴豆浆店 e24

A 黄浦区肇周路309号（建国新路口）
H 23:00 至早上 7-8 时

你可以说这里的豆浆其实不怎么样，淡浆一般，甜浆太甜，咸浆一混很快就结成豆腐脑。

你也可以说这里的油条虽然够脆但油有点多，粢饭糕也没有特别的酥香，粢饭团得过了午夜才有，等不到这么晚。

你更可以说这里这么红火只是电视台报导和微博转发的效应，光环太大。老奶奶这么老了还得捱更抵夜，儿孙该早点让老人家退下来，颐养天年。

反正没有来排过队没有吃过的也插上嘴，但我却一次又一次地在深宵不同时段来过，在这里见证到大白天在上海任何一个地方都感受不到的经验。原来这个城市可以用这样的速度运行，原来上海人可以这样的有耐性有礼貌。

排队，随时在你前面有二十个人后面有三十个人，但你在寒风凛冽中或者闷热炎夏里都一声不吭地排着队，顶多跟友伴窃窃私语究竟老奶奶岁数有多大？换了在其他地方都早已嫌慢散队或者吵起来了。而在慢条斯理自成一运转速度的老奶奶面前，你竟然以最温柔最缓慢的语调说出你想吃啥买啥，还一块钱两块钱地放心里有数的老奶奶点算好找赎。碰上不谙上海话的外来顾客，你还帮忙解说翻译——这是因为什么？是因为大家都珍惜这硕果仅存的市井风景民间滋味？怕有朝一日找不着来时路亦苦无去处？在幽暗中在不太稳当的桌椅旁坐下吃着咸浆咬着粢饭糕，我忽然想，如果有天换了一个十来二十岁的普通姑娘在卖豆浆，又或者原址已经变成商厦豆浆店也竟然变成小铺还在经营，而你还在安静排队等吃你喜爱的传统小吃，那才没有辜负老奶奶也没有亏待自己。

老奶奶有条不紊地按自己的速度运行，细听每一个排队顾客的要求，不慌不忙地掀盖舀出一勺烫热，做好每一碗咸浆甜浆淡浆，打包，收钱，以抹布抹好灶台，再重复继续动作。

顾青
媒体人

顾青早就听说过肇周路这家老店，但也一直未有机会来过。这个晚上她先行小睡一回，半夜跑过来跟我凑热闹。她也跟大伙一样乖乖排队买豆浆，我先去另一边买刚出锅的油条和粢饭糕。问她吃喝味道如何，她笑而不语，只觉这个土生土长的上海女子眼神里有一闪淡淡的感伤。

油条将近午夜才起油锅现炸。

并非是喝过的最好的豆浆，但的确别有一番滋味。

156

一盘又一盘煮好的馄饨
分成口味配菜不一的
一碗又一碗吃吧吃吧到天亮。

朴实无华的家常口味和
水准，这个时段这种氛围
为其增添附加值。

耳光馄饨 e21

A 黄浦区肇周路 209-213 号（近合肥路）
H 18:00-03:30

同在肇周路上，与老绍兴豆浆店和长脚汤面齐名的有这家耳光馄饨。本来就是一家水准还可以的馄饨店，改了这个上海人形容东西好吃得"打耳光，还是不肯放"的名字之后果然名声更响。不要计较店铺装潢（客人大多也是坐在马路边散放的桌椅旁），卫生情况和服务也一般，但在三更半夜能够吃到一碗汤里放了猪油和香辣粉，热腾腾、个大大、馅满满的荠菜馄饨真没多余话说。胃口好的可加点一块炸猪排或者焖肉或者辣肉，夏天里也可叫一份拌上花生调酱的冷馄饨。吃之前拍一张照发帖出去，馋死刚爬上床准备睡觉的一众吃货。

董妍
设计师

一个贵州姑娘在上海，生活和工作了好些年。忽然有一天，董妍说，从来未"学"过的上海话好像全都听得懂了。进入一个城市，真正的认识了解这个地域文化，接得上地气，恐怕就是靠无数个早上无数碗咸豆浆，无数份蛋饼烧饼，无数根油条。深宵夜里加班后回家路上无数碗馄饨，无数碗有各种浇头的面。

夜了，饿了，起码得有像样的粥坊面馆可以解馋可以信赖依靠。

顶特勒粥面馆 e10

A 黄浦区淮海中路 494 弄 22 号（近雁荡路）
T 021-5107-9177
H 24 小时营业

真不好意思要刘欢、金川和董妍三位年轻人骑自行车老远到彭浦闻喜路那边见识这整晚都有人在排队等吃的炸物店，一堆从油锅里捞出来的实在不知所谓肯定有害健康。所以我们又回到淮海路上弄堂里通宵营业的顶特勒粥面馆，吃碗绵滑正气的香菇干贝粥，点碗汤鲜肉嫩的黄鱼面，还有雪菜面加焖肉什么的。这个钟点在小小的竟有负一层、一层和二层的迷宫一样的店里不光有吃的，进来的一波又一波顾客都是风景都是角色：视觉系纸片男，超熟剩女，痴缠情侣（父女？），外地参观学习团（是整团人！）都连番登场。我们一边吃一边看，赚到很多。

胜记龙凤村 W24

A 普陀区兰溪路北石路 158 号
T 021-6264-7293
H 16:00-04:00

全国各省各族人民都爱吃，广东同胞当然有过之而无不及。有说岭南乡里们什么都吃，河里海里游的，天上飞的除了飞机，地上有四条腿的除了台凳，都敢吃都能吃都爱吃。当然那没有脚的蛇，有毒无毒的，都是广东老饕们钟情的滋润强身之物，著名的菊花五蛇羹更是蛇宴中的主角。

人在上海午后在郑松茂老爷的质馆跟沈涛老师喝咖啡聊天，言谈间大伙已经在盘算今晚该到哪里宵夜去——老爷眨眨眼然后一笑，好，我们就去胜记吃蛇吃清远鸡吧！

清远是我外婆老家，清远麻鸡更是最接近野生原鸡的国宴鸡，到过清远吃过全鸡宴的我念念不忘，竟然在上海有所回响。午夜前一行人到了愈夜人气愈旺的胜记龙凤村，来自清远的老板黄小彬灵活精瘦，把我们迎进店里逐一介绍宵夜好选择：先来一盘外皮黄亮肉质紧实的白切鸡，不够的话也可多点一盘咸香脆嫩的煎鸡。主角当然是炸得金黄香脆的椒盐水蛇，顺着纹理撕出净肉有够嚼劲。喜爱香口的当然得点蒜香骨，热炒一盘春菜或菜心后再上一锅鲜甜多料的水蛇鸡粥。贪心的我见邻座上了一碟我的至爱干炒牛河，要要要！要来彰显一下广东人宵夜的多彩多姿！

清远鸡在周恩来总理宴请尼克松总统的国宴上声名大噪，其实民间早对此超级美味不离不弃。

椒盐水蛇金黄香脆是每桌客人必点。

郑松茂
资深广告人、咖啡馆主人

老爷不老，虽然我在很小的时候就开始崇拜这位台湾广告创作界殿堂大佬。老爷每隔三五年就有一个厉害转身——最新的动作当然是先在上海再在内地各处推广开设精品咖啡体验空间，口味轻重拿捏都得一一准确掌握。夜了，可以放肆一点了，轻松地来一顿重口味重量级宵夜。我跟老爷笑着说，你知道在粤语里"大龙凤"是什么意思吗？

镬气够味道好，不得了的干炒牛河是广东老乡的骄傲。

熟练的师傅们不停手的炸好一根又一根油条。舀出调好一碗又一碗豆花，通宵应付从四面八方来朝圣的夜猫。

王帅军
策划管理人

经营餐饮策划精品酒店，帅军这些年来和伙伴们一步一步把生意做出更有城市文化保育的内容，希望客人都能在饮食居住勾留之间，切身地感受上海的今昔生活细节，比较此城彼此的同异——刻意带我来吃一顿深宵早餐，也是启动对他深爱的城市的一回反思一趟讨论。

传统上海早点的四大金刚，大饼、油条、粢饭、豆浆，全数在午夜在这里登场。

炸油条的，烘大饼的，舀豆浆的，从局促室内到露天室外，生猛灵活，能量十足。

夜市油条豆浆店

A 虹口区霍山路 203 号（近临潼路）
H 23:00-10:00

一行四人老远地从斜土路那边驱车过来，途中我太累竟然睡着了。良久良久在模糊中看到车窗外溜过的荒凉的漆黑街区，渐渐有零星落索的还开着的便利店水果铺宵夜摊子，然后身边开车的帅军说到了到了。前面十字路口一角灯火通明人声鼎沸烟火缭绕水气氤氲，传说中的霍山路临潼路口深宵豆浆油条店到了，四大金刚我朝圣来了。

跳下车，顶着摄氏零度上下的冷我们冲进店里，挤的抢的喊的终于占到了堆满杂物的墙角面壁的两张折椅半张木台。上一轮吃完的碗碟都来不及收拾，勉强推到一边，喊服务员是没人有空搭理你的，规矩是要自己出去到几个灶头柜台点的。帅军识路，叫我这个已经目瞪口呆反应不过来的大叔乖乖坐好，在不到五分钟内搞定面前半桌堆满加了辣油的咸豆浆，加了砂糖的甜浆，放了咸菜和虾皮和葱花的豆花，刚烤好的松脆喷香的甜的咸的大饼，刚炸好的烫手的油条，包裹着油条和榨菜的粢饭团，还有那加了双蛋加了甜面酱的还冒着烟的蛋饼——我终于见识到这本来是传统的标准的早点，在三更半夜以两至三倍的价钱，出现在破烂局促但生猛红火的店里。穿着睡衣提着暖壶的一众，泡完夜店唱完K的帅哥靓女，开着奔驰宝马远道而来的大款，一一鱼贯进出，真人实物震撼非常。

我忽然闻到（意识到）一阵带辣带呛的味道，才得知这通宵开业的豆浆店，白天是挂着重庆鸡公煲的招牌的。我忽然想起那尖锐又无奈的两句形容我的老家的话：借来的时间，借来的空间——我们收起了挑剔放低了标准，发疯地使劲地在上海在午夜里吃喝，我们是真的饿了吗？

伴手有礼

一路吃到疯了胃撑了喝高了要回家了，忽觉什么都没有买回去——
拿出什么来说服你的亲朋戚友你来过上海？

药梨膏

A 黄埔区豫园商城上海梨膏糖商店

上海有一种以梨汁、蜂蜜和草药制成
的传统保健小吃叫梨膏糖，背后还有
一个故事——唐朝名臣魏征，因为母
亲不爱吃苦药，将梨汁熬煮成糖块，
放进治咳嗽的药里——虽然现在都没
有几个大夫会用梨膏糖治病，但上海
人依然把梨膏糖不断推陈出新发扬光
大，这一粒小小的糖果早已成为上海
市、江苏省和浙江省的省级非物质文
化遗产。

药梨膏就是还没有凝结成糖状的梨膏
糖，功效相同，依然清甜顺喉，只要
把一两匙的药梨膏放入温水中混和，
便成为日常饮用的清甜保健饮品。伴
手礼也得讲究对象，梨膏糖适合百无
禁忌的小朋友，而药梨膏则可送赠生
怕多吃糖不健康的长辈们。当日有为
怕苦而把药变糖，今日有为长辈把糖
变膏，贴心有余亦愈见进步。

（文：叶子骞）

五香豆

A 黄埔区豫园路 104 号

游客熟悉的上海老城隍庙豫园附近一
带，给我的印象就像香港的旺角，是
一个充满街头小吃的"扫街"热点
——小笼、生煎、炸臭豆腐等，这些
新鲜热辣带不走的要马上就地正法，
而外带回家的，首选必是五香豆。

若然你跟我一样对天然的蚕豆提不起
太大兴趣，也许可以试试这以茴香、
桂皮和八角等等香料煮成的五香豆。
虽然没有吸引的外表，就像我们的酱
油黑瓜子般，总有一点不易放手的能
力让人一粒一粒地吃下去。先整粒连壳抛入口，吸啜那既咸且甜
的味道，再慢慢破壳吃豆肉——这样豪气的吃法虽然不太适合在
人前表现，但只有这样才能完全品尝五香豆的精华，因此，把它
带回家独食或给家人开眼界便最好不过。

（文：叶子骞）

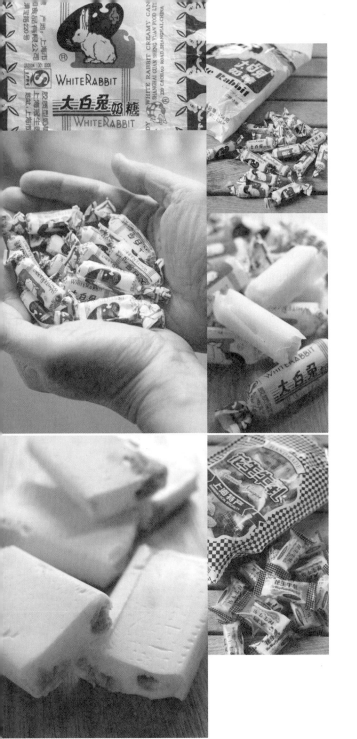

大白兔奶糖

亲爱的读者们，请问有谁从未吃过大白兔奶糖？请问谁没有想过把夹在包装与糖果中间的米纸撕掉，可是无论怎样努力最后也得无奈地连纸带糖一口吃掉？然而，有谁又像我一样，从来不知道原来大白兔奶糖是上海冠生园的名物？

这一趟上海之旅除了发现大白兔奶糖的身世之谜，回家后亦观察到大白兔奶糖早已绝迹于香港家庭春节过年的全盒里。这么一个连周边的超级市场也不能保证有大白兔奶糖出现的年代，早晚我们得把它送进"集体回忆"里，难得在上海巧遇，是否应当多买几包回来跟家人老友分享回味那份快留不住的香甜奶味……

（文：叶子骞）

花生牛轧糖

花生牛轧糖，同音两写，也就是香港小朋友平常吃的鸟结糖（nougat）。这种由蜜糖、牛奶和花生等材料做成的糖果，原来是继意大利面后，又一种有可能起源于中国再而举世闻名的食物。上海的朋友引述网上资料说，明朝状元商辂依照自己梦中的做法把材料混和捏成牛的形状因而得名……是巧合也好，是民间传说也罢，作为吃货的你和我，首要的考虑当然不是寻根，只要好吃便好了。

上海的牛轧糖口感较实在，卖相看起来比外地的鸟结糖平实，味道也没有外来的甜，花生的含量也较多，适合一些不太嗜甜的吃货，好像性价比相对稍高。最适合送给外地朋友或是喜欢舶来货的朋友做伴手礼，让外地朋友认识一下中国版本的牛轧糖是如何异曲同工地带出这阵果仁奶香。

（文：叶子骞）

云片糕

单从样子单薄轻飘的外表看来，自作聪明的我以为已经明白云片糕名字的由来。但在跟看店的大妈一番对话后，才明白原来这是一个将错就错的误会。整合故事大概：乾隆下江南时，在大雪纷飞中吃到这糕品后大爱，并要为这糕品题名——他本意要把糕品叫作雪片糕，却因为把"雪"错写成"云"，金笔一挥，没法收回，云片糕从此正名流传百载。

以当下年轻人的口味，定会觉得云片糕是一种属于古代的糕品：不花巧、不松化、感觉像吃椰丝干，又像吃着带丁点甜味的面粉干，总之就是追不上现今甜品糕点的潮流。但原来制作云片糕需要糯米、白糖、猪油、香料等等原材料一大堆，繁多的工序更是考验功夫和耐性，花个十元八块买的更是一门快要消失的传统工艺，更可以跟朋友分享它的传奇故事，说不定还真有人会爱上这品味清淡的伴手礼。

（文：叶子骞）

城市山民 S11

A 徐汇区复兴西路 133 号

旅游的烦恼，除了得千挑万选找对餐厅以外，最可怕的莫过于排队。花一个半天跟千万人一起在名店前名胜里等呀等呀等，然后一起挤进已经人满的地方，看不到名画也碰不到货物，眼前只有浪接浪的后脑，身旁只有早餐吃得太好仍在消化过程当中的游客，每隔数秒的豪迈打嗝……

身处城市山民本店，进来的客人都认同店主追根溯源的生活主张，自然以平静的心态去探索世界，不张扬不吵闹地在精挑细选心爱物。店子里除了可以找到山民服饰外，还有山区直送的精品茶叶和跟陶艺家合作生产的质朴茶具。面前最令人注目的是一套三件的旅行用紫砂旅行茶具套装，别出心裁的设计让茶具轻易地组合成小巧一体，大可放入郊游的行李中而不怕受损。爱茶的你和我，又怎可放弃这个登山泡茶的好搭档。

（文：叶子骞）

西区老大房鲜肉月饼

A 静安区愚园路 633-635 号（近镇宁路）
H 06:30-22:00

外婆外公是上海人，来了香港多年仍
一直对家乡的美食不离不弃，过一段
日子便会到九龙城的南货店"办货"。
小时候的我总爱跟着他们一同出发实
地考察观摩，店里除了贩卖咸肉、毛
豆、百叶等等上海家常食材外，每到
中秋店家都会在店内当眼处多放一个
热柜，里面放着的是鲜肉月饼。相信
外婆是看透我的心意，总会给我多买
一个抢先享用——微暖的酥皮，包裹
着热腾腾的咸香漏油鲜肉，那种五感
的满足是粤式月饼无法媲美的。

这次我首度踏足上海，中秋已过，心
想该吃不到上海的鲜肉月饼了吧，谁
知鲜肉月饼早已成为上海人的日常点
心，朋友还带我到百年老店西区老大
房一起排长龙购买鲜肉月饼。老远到
来，就是讨厌排队也只好乖乖等候，
终于吃到新鲜出炉的鲜肉月饼，那薄
薄酥皮内鲜美多汁的肉馅，心急一啖
更不小心被烫到嘴！难怪一路这么多
人排队，也难怪外婆对上海美食念念
不忘，一定要买十个八个带回去给老
人家尝尝鲜怀怀旧。

（文：叶子骞）

出走上海

第二章之十三

不必找借口不必堆砌理由，在上海从早到晚吃吃吃，在太饱太撑之前必须先歇歇，出去走走。

一直向身边的上海朋友打听，上海人假日出去附近玩玩，一般都会到哪里？马上回馈过来的答案也够开放多元的：有的说到香港到台北到东京到曼谷度个周末，实在又近又便宜；有的二话不说随时就呼朋唤友开车到苏州去吃奥灶面去杭州西湖泛舟，如果公路没有太堵那也很方便的；有的说根本不用出城，外滩走走来趟万国建筑博览之旅，城中各处已向公众开放的花园洋房旧宅一串地址也够看三五天，还有散落各区的由旧工厂和旧仓库改造成的创意设计艺术园区，就连寻常人家的里弄生活也很有看头——这我当然都知道，但我更想看到的是这个城市是否有更多贴近自然的选择，在本就很密集丰富的商业文化娱乐活动中，可以放缓放空一下：洒落一地阳光、饱满清新空气、尽见盈眼的绿……当我们发觉城市中和城市周边这一切都不缺，这就是我们真正喜欢真正宜居宜游的城市。

在上海能够这样出走玩玩的地方还是有的——吊诡而又幸福的是，这些地方都有很多好吃的，一路也吃不完。

莲花岛

向身边一众嘴馋上海老友打听这趟该到城外哪里去吃大闸蟹？几年来阳澄湖巴城去过了，太湖东山甚至常熟沙家滨也都去过了，说是各有特色，吃得太多也说不清哪一趟哪一家更好。所以忽然听说有人建议到阳澄湖中的莲花岛，哈！不知为什么眼前忽然一亮，马上上网搜索一下……

有人如此这般说，去莲花岛的 N 大理由之一：三面环水，不通公路，因形似莲花，镶嵌在湖中，故名莲花岛；理由之二：水域辽阔，水质尤佳，是正宗阳澄湖清水大闸蟹的原产地；理由之三：莲花岛花香四溢，大片的油菜花、向日葵、万寿菊等遍布岛内，当然岸边水域满满都是莲花；理由之四：岛上住有二百户人家约一千二百人，大都是养殖大闸蟹经营蟹庄的专业户；而理由之五，是我不必犹豫做好决定呼朋唤友驱车坐艇到了岛上第一身经验告诉自己告诉大家：我没有来错！

清幽恬静，江南水乡原生态。

不是蟹季也可尝鲜，
必来莲花岛
实在有Ｎ个理由。

是日晴天大好，汽艇靠岸前还绕近养
蟹的围网近距离见识一下，然后开吃
之前在岛上沿着河道再过桥走了一
下，清幽恬静叫人淡定好心情。转回
蟹庄先不忙直奔主题，主角进场之前
一桌放满的是店家大厨精心准备的白
灼河虾、葱炒土鸡蛋、红烧老鹅、青
蒸白鱼、豆腐和蔬菜更是自家手制和
种植，再喝一碗鲜美土鸡汤和金黄南
瓜糯米粥，就更觉温暖。饱了没有？
当然还有胃纳容得下这肉嫩膏鲜的一
公一母，再来一母一公……看谁能干
净细致地吃出个最高纪录！

来莲花岛的理由之六：岛民没有把这
里叫做什么阳澄湖东方威尼斯，莲花
岛就是莲花岛！

崇明岛

知道崇明岛这个地方，是在小学年代父亲捎给我看的一本小人书连环图，书名给忘记了，内容是文革当年上海知青围垦崇明岛的奋斗事迹。这些哥哥姐姐一腔热血，为祖国奉献了青春，竟也遥遥地深深地感动了还是懵懂小孩的我。

许多许多年后再见崇明："崇"为高，"明"为海阔天空，"崇明"取意高出水面而又平坦宽阔的明净之地——更有"长江门户，东海瀛洲"之誉。所以我跟身边一众说，此趟立春前来上海，一定要到崇明岛走一回。但马上有声音在悄悄笑说，每年四月初，矜贵刀鱼才由海入江，逆江而上做生殖洄游，该是趁那个时候才到崇明。但我倒不以为然，这正是一年四季都该有理由一来再来吧！

老朋友沪生给我介绍了他的一位长居崇明岛的老朋友，诗人施茂盛。但有点遗憾初见面当天我们没有谈诗，只谈了崇明的吃：崇明特产地三宝之一白扁豆，剥来清炒一碟又粉又香。江中捕得野生胖头鱼，与大白菜一起红烧得汁浓肉滑鲜美异常。再来是一直在锅中冒着热气的崇明白山羊，今天做带辣的口味。当然还有不比阳澄湖蟹逊色的崇明老毛蟹，一样膏多肉嫩。一边尝鲜好味一边喝着崇明老白酒，餐馆老板捧出的还是用糯米自酿的好货——其实一番好菜好酒，接着下来倒真是谈诗论艺的好时光。

施兄好客，在崇明岛为我们安排的当然不止一顿饭：早上从浦东外滩源出发，经长江隧桥过来崇明岛，真的省时又方便。先在东滩鸟类国家级自然保护区走了一下，在已经干枯的芦苇

秋冬时节，保护区内的芦苇荡在阳光下别有一番意象。

诗人好客，崇明岛肯定要呼朋唤友一再来。

崇明学宫亦是崇明县博物馆所在地，展示崇明的方方面面。

崇明菜和崇明鱼获农产深受上海市民喜爱，尤为嘴馋食客推崇！

东平国家森林公园改建后发展成一综合性的户外活动旅游目的地，繁茂森林为城市来客培养山林情操。

丛中，低头眯眼看看可否找得到底栖软体动物与甲壳动物，抬头留意眼前嗖声飞过的究竟是鸥还是雁鸭？崇明东滩及其附近水域是具有全球意义的生态敏感区，是众多鸟类迁徙路线的重要组成部分，是它们补充能量的重要驿站和恶劣气候下的优良庇护所——政府和相关机构用心用力地守护经营这一片湿地，向民众开放作为自然教育和生态保育基地，观鸟亦同时反思处世做人，我等长年在外飞来飞去的很有感触。

午餐后幸好没有饭气攻心，所以我们在参观了"微型"的寒山寺、崇明学宫和建于宋朝有七百多年历史的寿安寺后，更到了由当年围垦时代的林场苗圃改建成的东平国家森林公园。在这个幽、静、秀、野的超级氧吧里，我完全可以想象身处林中即使是盛夏时分也该是清凉境界。林中一隅有上书"青春无悔"几个金漆大字的知青纪念石碑，知青墙上更密密麻麻镌刻着当年在崇明岛上挥泪流汗，艰苦奋斗过的二十二万上海知青的姓名。沿着园中小径走过，两旁陈列展示都是当年知青的劳动、学习和生活的照片和家书。在那些斑驳褪色的老照片里，尽是青春年少意气风发，留下是几代人对理想新生活的热情冀盼和对国家对人民大众的贡献承担……

崇明岛，是好地方。

（摄影：裴家琪）

静安公园 s42

A静安区南京西路 1649 号（近静安寺）

常常跟身边友人半开玩笑地说，出门旅行，这么远那么近，即使是穿着睡衣从家里走下楼到街角的便利店去一趟，如果你的观察力够强感应力够敏感，这样的短途旅行也可能大有收获！而我就常常抱着这样的心情和状态出门，无论是远是近，也都心满意足。

一行人在上海忙着吃喝，并不是隔天就可以到城外郊野走动散心。所以特别留意活动范围附近的公园，不少都是用心设计勤于管理，走进去在盈眼一片绿的同时常常有意外惊喜。

位于南京西路最繁忙地段，正对静安古寺，另一面就在延安中路高架下的静安公园，曾几何时入口一面是公墓，俗称"外国坟山"。53 年后改建成公园向外开放，更把园内教堂及火葬门都拆建成茶室。98 年更再次改造成敞开式都市花园，由日本建筑设计事务所设计。北门进园通道两旁整齐排列三十二棵百年大树悬铃木，园内处处可见的花墙、花坊、草坪、茶花园都细心打理，炎夏凉爽秋冬冷傲。从原公墓时代一直保留至今的银杏、罗汉松和悬铃木都树龄逾百，园中茶室旁垂柳下的金鱼池内植满睡莲，是游园一众最爱流连的好地方。

无法想象不消五分钟走出几百米外就是市中心最繁华热闹地段，这也就是一个城市最矛盾最有张力的吸引处。

静安公园内老树参天，
自然连接历史时空那一端。

1868.1.11 — 1940.3.5

最法国的一隅,
最赏心悦目的一景。

复兴公园 `e12`

A 黄浦区雁荡路 105 号
H 06:00–18:00

如果不是翻查资料,也不知道这个有
"上海的卢森堡公园"美誉的复兴公
园,早年是顾姓的私人园林,后被法
租界公董局购入部分用地做兵营,后
又决定聘用法国园艺家 Papot 主持园
林设计及工程监督,由中国园艺家郁
锡麟负责设计,建成顾家宅公园亦称
法国公园。公园于 1909 年 6 月建成,
随即在 7 月 14 日法国国庆之日对外
开放,园内曾经有过一座纪念法国飞
行家环龙的纪念碑。

环龙此人于 1911 年到上海做飞行表
演,双翼飞机正要飞抵市中心跑马厅
时忽然熄火,为免造成在场围观者伤
亡,本来可以弃机自救的环龙尽力把
飞机迫降到跑马地中央,结果机毁人
亡。

纪念碑正面曾经有过如下几句:

"有了死亡,才有产生;
　有了跌,才有飞。
　法国是身受了这种痛苦,
　使得它认得命运是在那儿!"

"荣神呵!跌烂在平地的人!
　或没入怒涛的人!"

"荣福呵!火蛾似的烧死的人!
　荣福呵!一切亡过的人!"

如果这纪念碑不是在抗战期间已被拆
除的话,如今碑前怀缅读来,该又是
轻松游园以外的另一番感受。

中山公园

A 长宁区长宁路780号（近定西路）

以纪念国父孙中山先生而设立命名的
公园，在中国大陆、香港、澳门、台
湾以及世界各个华人地区，大大小小
加起来接近六十个。相信有人已经把
这所有的中山公园都走了一遍，真想
约得这位毅行者采访一下游园心得。

作为一个游园爱好者，十分惭愧的
只去过不到十个中山公园。当我在
多年前初次走进上海中山公园的那
一趟，确实被震撼到也被累坏了
——为什么走啊走啊都还未走进去
也走不出来，一忽儿像在森林里一
忽儿又像在原野上。

想当年这位英国兆丰行的大班 H.
Fogg 霍格有多夸张，私家花园也
有三百二十亩——后来改称 Jesfield
Park 兆丰花园对外开放，以英式自
然造园风格为主，又逐渐加添中西合
璧的人工湖、假山、植物园等等。好
古者不免又附庸风雅地"发明"了"中
山公园十二景"的称谓：银门叠翠，

公公婆婆大叔大婶在公园的
每个角落都找到自家乐趣。

保留野趣是英式公园设计理念的精绪。

游乐园规模不小，是多少身边友人小时候流连忘返地。

花墅凝香，水榭絮雨，绿茵晨晖，芳圃吟红，双湖环碧，荷池清月，林苑筝秀，独木傲霜，石亭夕照，虹桥蒸雪，旧园遗韵……这些已经过时的文绉绉标签其实也很限制大众游园的想象力，倒不如放下包袱，见花是花，见树是树，见湖是湖，直观直感，干脆利落，与众乐乐，才不辜负前人也造福后辈。

时至今日，中山公园历经多次改建，最叫人欣喜的是保留着那草坡缓缓起伏的敞开式园林，大草坪中经常举办大型公共文艺活动如世界音乐节。不少音乐发烧友也聚集在园内各处自弹自唱合奏同乐。老人日常散步，白领午间便餐，青年周末缓跑，孩童追逐嬉戏，中山公园不仅是上海的一种表情，更是上海人的一种自在呼吸方法。

古猗园，南翔小笼

A 嘉定区南翔镇沪宜公路218号
T 021-5912-2225
H 07:00-18:00

午后出发要到南翔古镇，地铁11号
直达南翔站再转两站公车到镇里实
在十分方便。但叫我们一行六人困
惑的是究竟要先看上海五大古典园
林之首古猗园还是先吃闻名中外的
南翔小笼包？

买妥门票进入这初建于明代嘉靖年
间，由时任河南通判的闵士藉斥资，
竹刻家朱三松精心设计，取诗经中"绿
竹猗猗"之意命名的古猗园，在夹道
相拥的三十多个名贵竹种之间，在精
工装嵌的花石小路上放慢脚步，实在
是赏心乐事。但如果一边散步一边又
禁不住痴想着那一笼又一笼热气腾腾
出炉的小笼，担心待会接近晚餐饭点
会否店堂拥挤要排在人龙后面，看来
没法以轻松心情层层内进去欣赏园内
不同景点，那就实在太对不起几代以
来修园建亭植树挖河池造瀑布堆叠假
山的，又出钱又出力的当地仕绅和设
计管理者。

换过来先在镇上不下几十家不同名号
但都在卖南翔小笼的饭店中选好一家
吃上几种口味的小笼，大快朵颐之后
再进园，又怕天色已经昏暗看不清园
内胜景，没法把逸野堂、戏鹅池、松
鹤园、青清园、鸳鸯湖和南翔壁六个
景区都走完。如果顶着饱肚一边走一
边打嗝，那就更失礼街坊了。

没有权宜折衷之法，经过同行为食一
众的不民主协商，竟然决定是先淡
定游园——在亭台楼阁水榭长廊间行
走，再走入竹林近距离看看是否认得
出紫竹、佛肚竹、龟甲竹、凤尾竹、
罗汉竹、哺鸡竹、方竹等等名贵竹种；
亦不忘停步蹲下来看地上花石小路中
采用黄石、青石、卵石、青砖、青瓦

花石小径，
一路多端纹样。

绿竹猗猗，不枉此行。

外皮薄韧半透，
一口咬下肉汁鲜美滚烫。

以至缸片碗片玻璃片拼砌出的几何和动植物图案。再来深入游园逐一看景，得知园内大部分建筑其实在抗战期间都被摧毁，石泾幢和石塔佛像以及珍藏的名家书画在文革时期又遭破坏，我们面前看到的一切，无论是缺角亭、不系舟、假山石都是日后斥巨资陆续重建修复回来的，这叫路过的我们不免叹息低头，恁怨痛骂亦不知该骂谁。

然后真的饿了，在古猗园不远处找了一家有一群点心师傅大妈在案板前熟练地捏皮包馅的整洁店堂坐下，点的几笼鲜肉的蟹粉的小笼上来之后，用筷夹起一个皮薄透明，汤汁在内晃颤晃颤的小小馒头，以小勺盛住，在底边咬破一小口，吮吸两口滚烫鲜美汁水，然后一啖进口细细咀嚼，肉鲜且滑，皮韧且香——究竟在南翔当地吃的这家哪家都说正宗的小笼，跟在上海老城厢豫园和城隍庙旁的也是由南翔人黄明贤和亲戚吴翔升早于清末就开设的南翔馒头店吃到的有什么不同？这就是我们一路为食之旅要用心用力尝味评议的具体内容了。

老城厢：
豫园、城隍庙、小吃广场、
上海老街

作为上海历史的发祥地，上海老城厢指的是上海境内自明嘉靖以来，建筑起城墙抵御倭寇侵扰的地段。城内厢间既有民居宅第，私家园林和寺庙，亦聚集了南北往来贸易金融组织如会馆会所钱庄，制度完善的书院讲堂，理所当然的也有各式食肆和商店。其时社会经济民生的日常戏码就在这范围里每日上演。

上海开埠以后，租界的开辟和迅速发展致令老城厢内的楼房设施交通系统和庶民生活状态显得格外凌乱残破。城墙在1914年全部拆除之后，老城厢就以几个显赫地标和几条主要街道作为老上海的精神慰藉而存在，其中居民生活喧哗忙乱依然。

雕栏玉砌的豫园，香火鼎盛的城隍庙以至近年动迁拆建改造成的豫园商城、小吃广场、上海老街都是商业盈利项目，至于如何能够延续保留上海历史文化同时改善民生环境，各种矛盾互动成为大家关注讨论的焦点。

我头一回闯入老城厢，竟是在一个漆黑的深宵夜半。住在周边酒店的我因为肚饿企图要找吃的，走下楼漫无目地左转右转，隔老远才有的街灯映照着跨越马路的一个高大牌楼，抬头一看，依稀看到上海老街几个大字。路旁疏落几摊有小贩在摆卖二手破旧，一路走去所有的商铺都打烊关门了，一幢幢四五层大楼乌灯黑火，只有楼顶那花梢飞扬的屋檐作为剪影在夜空中轮廓鲜明。在这个连肯德基也熄灯

避开周休二日，豫园园内还真的是城市山林。

正如前辈沈嘉禄老师认为：
民间小吃是一种活态传承，
是保存记忆的最佳形式。

关门的钟点，我肆无忌惮地在黑漆中游荡放飞，也借着白天对在城中准确寻认地标方位的自信，大抵知道这个方向走过去就是豫园就是城隍庙，旁边就是早就打烊的小吃广场，那一头走去就回到豫园商城——在一个经济活动暂停的状态和环境里，是否可以让我们更冷静更仔细地看得"清楚"老城厢？

撇开你我都对拥挤人潮的恐惧，对过度商业化以至性格模糊特色消磨的嫌弃，对众口一声千篇一律的反感，我们还是该给自己也给老城厢一个机会。我们也只不过是茫茫人众中的渺小一员，也好奇这历劫重生的豫园当年是谁以什么借口修建的？也八卦为什么城隍庙的主殿里同时供奉霍光、秦裕伯和陈化成三位城隍？也不顾仪态地在大庭广众张口一咬一个的，与身边友伴分吃着排了半个小时队才买到的几个冒着热气的南翔小笼，然后沿着上海老街那一家挨贴一家，贩卖所谓传统特色纪念品的小铺一路走出来，口中念念有词的是刚在离开城隍庙时转头一瞥马上记得的两句：

"做个好人，心正身安魂梦健；
行些善事，天知地鉴鬼神钦。"

第三章 本帮经典家常演绎

上海日常行走，
本帮浓油赤酱吃出真性格真感情，
回到家中小厨可否重拾道地滋味感觉？
一切都从思念开始激发冲动付诸实践，
起码自己为自己的努力鼓掌，
仔细尝来也真心好味好骄傲！

四喜烤麸

上海传统年菜里的意头经典,
亦是本帮菜馆长年必备的凉菜。
烤麸必须用手撕得厚薄均匀,
下锅亦要炸得金黄酥透,
都是口感食味成功关键。

材料:

烤麸	1块
金针	4两
冬菇	8朵
花生	20颗
鲜笋	8片
木耳	4朵
酱油	4匙
米酒	4匙
冰糖	5块
盐	适量
花生油	适量

做法:

一) 金针、木耳、冬菇、花生分别
以热水泡软,鲜笋切小片备用。

二) 将烤麸手撕成小片,烧开水后
把烤麸放入烫一下。

三) 烤麸取出,用加了盐的凉水先
浸过,挤水拭干备用。

四) 起油锅,把烤麸炸至金黄,
捞起备用。

五) 再起锅把金针、木耳、冬菇、
鲜笋、花生一并炒好,然后
放入烤麸,一起拌炒至软身。

六) 以酱油、冰糖、米酒加色调味,
加入少许开水,焖至入味及
汁液转稠起锅即成,
热吃凉食皆宜。

一	二	三
四	五	六

陈皮油爆虾

甜鲜油亮的上海经典前菜，
不顾仪态又舔又吮，
买得带籽的雌虾做来食味
就更鲜妙！

材料：

河虾	半斤
冰糖	100克
酱油	2大匙
陈皮	1片
姜	1块
花生油	适量

做法：

一）先将姜洗净，去皮切碎成茸；
　　陈皮亦洗净浸透后切细丝，
　　备用。

二）烧开一杯水，将陈皮、冰糖和
　　酱油放入，以小火煮十五分钟，
　　斟出待凉放冰箱备用。

三）河虾洗净，剪去触须，拭干
　　备用。

四）油锅热透，猛火爆香河虾至虾壳
　　转红，离锅后马上放入从冰箱
　　取出的冰糖陈皮酱汁中浸泡。

五）再起油锅，爆香姜茸。

六）将泡浸过的河虾放入油锅中与
　　姜茸一起拌炒至酱汁收干，
　　便可装盘上桌。

一	二	三
四	五	六

墨鱼红烧肉

未尝本帮红烧肉，
等于没有到过上海。
自家琢磨实践大胆演绎，
彰显一下浓油赤酱的架势。

材料：

五花腩肉	20块
小墨鱼	8只
冰糖	5大匙
酱油	4匙
米酒	4匙

做法：

一）将小墨鱼清理好内脏，
　　洗净备用。

二）烧开水，把切成小块的五花肉
　　用大火滚煮半小时，改用小火
　　焖住半小时，至肉软可戳，
　　捞起备用。

三）起锅放进五花肉，加酱油和
　　米酒添色加味。

四）放入小墨鱼以中火一同焖煮。

五）加冰糖调味，煮至汁液
　　浓稠黏身。

六）上海本帮口味红烧肉，有耐性，
　　无难度。

一	二	三
四	五	六

蛤蜊蒸蛋

沿海各地普遍流行的一道家常菜。
因为小时候在上海馆子里初尝
如此鲜美做法，
就把这"第一次"嫩滑记忆，
算在上海菜的名目下。

材料：

鸡蛋	4颗
蛤蜊	半斤
鱼露	1匙
麻油	1匙
盐	少许
青葱	1束

做法：

一）先将鸡蛋敲开打匀成蛋液，
以筛隔滤得细滑。

二）水烧开，把泡浸洗净吐沙后的
蛤蜊余至开口，捞起排放碟中。

三）将蛋液混合对半的放凉了的
煮蛤蜊水，注入碟中。

四）以保鲜膜封碟面以防水气倒汗，
待锅中开水煮沸后放入，隔水
蒸约八分钟。

五）待蛋液凝固后，取出撒上
葱花。

六）加鱼露和麻油调味，嫩滑鲜美
最下饭。

一	二	三
四	五	六

葱烧大排

葱香肉糯汁甜的一道
家常下饭好菜，
按部就班无难度。

材料：

厚切猪排	4块
青葱	1大束
鸡蛋白	1颗
酱油	3匙
米酒	3匙
现磨白胡椒粉	适量
冰糖	30克
橄榄油	适量

做法：

一）先将猪排以刀背拍松。

二）加入酱油、米酒、蛋白和胡椒粉
　　拌匀，把猪排腌约两小时。

三）青葱洗净切段，烧红油锅，
　　以中火将青葱炸至香脆干身，
　　捞起备用。

四）以葱油把腌好的猪排煸过油后
　　捞起。

五）猪排及干葱回锅。

六）加入冰糖，腌猪排的汁液以及
　　小半碗温水，加盖以中火煮至
　　糖溶汁收，猪排入味，
　　香甜浓厚至极！

一	二	三
四	五	六

腌笃鲜

开春鲜笋上市后的一道
上海传统家常汤菜，
咸鲜一锅，
焖煮出一室温暖富足。

材料：

五花腩肉	200克
咸蹄髈（熟）	1只
春笋	4根
猪骨高汤	1杯
青葱	1束
姜	1块

做法：

一）春笋剥掉外层，只保留里层
　　嫩肉，切块备用。

二）五花腩肉跟泡浸过夜减咸的
　　蹄髈分别切片。

三）备热水，将咸蹄髈及五花肉
　　分别烫过，去除血沫杂质，
　　捞起备用。

四）锅中高汤以大火烧开，放下
　　洗净切好的葱段及姜片。

五）五花腩肉和咸蹄髈下锅，高汤
　　要盖过食材，以中小火炖煮至
　　少一小时，加笋块再炖半小时。

六）笋嫩肉肥汤鲜，丰富盛碗，
　　自学上海传统腌笃鲜。

一	二	三
四	五	六

葱油虾籽煨面

上海经典面点
葱油开洋拌面的兄弟版。
葱香面滑汤鲜，口感湿润，
实有过之而无不及。

材料：

青葱	1大束
上海细面	2束
虾籽	3匙
酱油	2匙
清鸡汤	1杯
花生油	适量

做法：

一）水烧开，将细面下锅煮至软身
　　即捞起备用。

二）青葱洗净切段，以小火炸至
　　焦香，葱油离锅留用。

三）锅中煮沸清鸡汤，放进一半
　　葱段和葱油。

四）随即将虾籽及酱油放汤中
　　熬煮。

五）细面亦下锅，以中火煨至汤汁
　　全收，软滑入味。

六）喷香盛碗，撒上余下炸葱段，
　　保证绝好滋味！

一	二	三
四	五	六

上海炒年糕

年糕年糕年年高，
不只是年节特色菜，
也成为平日嘴馋心头好，
鲜软滑糯一口接一口，
可别吃太快烫到吃太多撑胃！

材料：

水磨年糕	5条
大白菜	1棵
梅头肉	200克
冬菇	4朵
香菜	1棵
麻油	适量
酱油	适量
太白粉	适量
胡椒粉	适量
花生油	适量

做法：

一）先将大白菜冲洗，切丝备用。

二）年糕切片，冬菇浸软去蒂切丝备用。

三）猪肉切丝，以太白粉、胡椒粉及盐稍腌备用。

四）起油锅，将肉丝拌炒过油先行取出，再将菜丝、冬菇丝下锅炒至软身，加入年糕一直拌匀至年糕煮软入味。

五）将肉丝加入炒匀，注入一碗水，转中火熬煮。

六）待所有材料煮至入味，加入麻油酱油调味，待汁液转稠收干，洒上香菜，便可盛碟上桌！

一	二	三
四	五	六

上海咸肉菜饭

同一碗咸肉菜饭，
各家各主自有主张。
参考庄祖宜老师的一个
爽快利落版本，
成功在尝试！

材料：

咸肉	6小片
小堂菜	5棵
白米	1杯
清鸡汤	1杯
蒜头	4瓣
姜	2片
花生油	适量
开水	适量

做法：

一）先将小堂菜洗净切丝，
　　姜与蒜头分别切细成茸。

二）咸肉切粒，备用。

三）起油锅先爆香蒜头，
　　咸肉下锅炒熟。

四）再把姜茸下锅略炒，加入菜丝
　　兜炒至软身。

五）将白米下锅，炒至米粒沾满
　　油光。

六）将清鸡汤注入，转中火加盖让
　　米粒饱吸鸡汤后转小火，期间
　　不时搅动以防黏锅，若水过早
　　收干，亦可加入适量开水。
　　饭熟后熄火焖约十分钟即可
　　盛碗上来。上海家常咸肉
　　菜饭，简易成功好滋味！

一	二	三
四	五	六

酒酿小汤圆

简单不过的白水煮汤圆，
其实可以来个华丽升级，
温暖甜蜜且带微醉，绝对迷人。

材料：

现买上海芝麻馅小汤圆	25个
酒酿	6大匙
桂花糖浆	3匙
鸡蛋	1只

做法：

一）小锅烧开水，以汤勺在水中搞出漩涡，敲开鸡蛋徐徐倒进水中，待蛋花成形，用汤勺盛着以防蛋白散掉，煮成蛋黄半熟水波蛋，捞起盛碗备用。

二）另以小锅沸水煮熟汤圆，盛碗中再注入少许水分以防汤圆黏住。

三）锅中烧开半杯水，加入六匙酒酿煮沸。

四）加入桂花糖浆，拌匀。

五）将桂花糖酒酿浇入汤圆碗中。

六）加上已做好的水波蛋，大团圆不是结局而是开始！

一	二	三
四	五	六

东方商旅 les suites orient ⓗ¹

A 上海市金陵东路1号（近中山东二路）
T 021-6320-0088
www.lessuitesorient.com

向来喜欢简约低调的家居风格，有了自己的家后，当然将自己喜好风格都一并付诸实行，务求每天下班都会想念家里那个放松安舒的空间，散漫地躺在沙发又或来个喷洒式热水浴一洗疲劳。

人在上海，有机会住进金陵东路1号的东方商旅精品酒店。从低调的入口大门进来，乘电梯到达一楼大堂，充分感受到酒店主人对品位的理解对舒适的演绎。在设计师吴宗岳先生操刀下，优雅自然的鹅白色大理石，温暖安稳的柚木互相交织配合应用。酒店主人刘季强先生把多年游历世界一路用心收藏的旧行李箱、手提包、奥地利琴匠手制的钢琴，一一都被细心安排摆放在酒店各处，每件藏品每个细节都在诉说非凡故事。

办好登记，有礼的前台服务员把我引领到房间。进门后我只顾参观窗外的外滩风景，坐在躺椅上陶醉于房间的舒适布局几乎忘却整顿行李。后来惊讶发现各种家具挑选安排都细致用心，特别订制的收纳式"多宝阁"，巧妙地把调酒吧台咖啡机冰箱电器都一一收进。床头地柜亦刻意隐藏着支援i系列的手机充电座，接连房间喇叭系统，听歌休息都在一指轻按之间，房间内处处细心设计真让我这个科技小装置控心花怒放！

正当准备音乐大播放之际，欧阳老师从房间来电告知酒店大厨已安排好要到餐厅品尝他们的贴心服务——根据客人不同时段的需要做备餐，这回的主角是云腿上汤阳春面和现炸春卷，一听就饿，拍照后就开吃了！

（文：陈迪新）

酒店主人另一古物收藏：扬州古井！

用色搭配舒服，细节尽在隐密处，叫人惦念再访。

用上整块红木制作的大型餐桌，保留树皮原貌，朴实大气！

低调的实木回旋梯。

十七个房间都有各自色调，下回打算入住哪一个？

最喜爱薄皮馄饨那种滑滑入口的感觉。

曾在德国 Kronberg 克朗伯格住进德国皇太后维多利亚的 Schlosshotel 城堡里，偌大堡垒内随处都放着中古世纪武士盔甲，挂满古董壁画，弥漫四处的历史神秘氛围叫我每晚上床睡觉都会妄想伯爵幽灵即将跟我打招呼。

上海的大宅当然也盛载显赫历史，这次住进绅公馆，感觉更集中更强烈——追溯本源到三十年代初由一片跑马草场改建为十五幢殖民风格组成的模范花园住宅群"范园"，其中六号楼（绅公馆现址）在 1932 年为中国第一家的阜丰面粉厂的主人孙伯群所拥有。期间见证目睹过无数沪上名流巨擘的传奇人生：国父孙中山先生、徐志摩的原配夫人张幼仪、名噪一时的金融家朱博泉都曾在此居住。直到 2008 年，经过创办人孙云立先生重新打造，于 2010 年 5 月翻修成功，更名为"绅公馆"正式开业，同年亦得到世界知名酒店集团 Relais & Chateaux（罗莱夏朵）之邀请，加入成为在上海唯一的会员酒店。

这次住进绅公馆的英式小洋房，以 Art Deco 风格打造十七个金、银、铜、蓝、红色调的主题房间，配合复古风留声机、电风扇、古董家具、青花瓷器等等，将昔日上海风情和西方艺术氛围精心组织，自然融合。刚进大堂看见的那座由西班牙知名工匠人手打造，利用榫卯工艺组合而成的实木回旋梯，散发出低调奢华的贵族气息。

说得上是公馆，当然少不了公馆内亲切友善的管家早晚体贴细微招呼问候。傍晚先行点好的上海式早餐，翌日晨早新鲜准时送到房内，足不出户即可尝到大厨现做的小馄饨、小笼包、素菜包、热豆浆，丰富满足吃饱再出门——难得来个两天三天做趟贵公子，真是来沪的绝好经验！

（文：陈迪新）

客堂间 Ke Tang Jian h3

A 上海市徐汇区永嘉路335号(近襄阳南路)
T 86 21 5466 9335
www.ketangjian.com

做过贵公子之后，也是时候归回现实。
走在梧桐树成荫的永嘉路上，商户小
店生活杂货开满两旁。老先生老太太
街坊邻里路上碰面都嘘寒问暖，一阵
熟识的生活温暖感油然而生，很平民
很 down to earth！

跟客堂间负责人王帅军投契聊天，大
家目睹城市发展步伐急速，处处都匆
匆起桥铺路盖新楼盖商场，拆迁是硬
道理，老房子着实愈来愈少。热爱历
史文化的他很希望把上世纪三四十年
代这些充满庶民生活历史痕迹的老房
子保留下来，决定以精品酒店的模式
营办"客堂间"。在保育的同时，把
那个年代的上海人家生活，以"看得
见的历史"的方式呈现给每位到来的
访客。帅军特意四出寻找旧上海花园
住宅及老式公寓予以翻修改造，首间
"客堂间"从此座落于紧贴庶民生活
现实的永嘉路上。

就是因为这种"固执"，这幢建于
1937 年的房子间格结构都大致保留。
15 到 150 平米不等的七个房间，设
计精准地以沉稳深红的上海住家老地
板，素净白色床铺及窗帘，配搭起老
式家具壁画及灯饰，不多不少，优雅
文气。进房后脱鞋踏在隐隐起伏的老
地板上，只觉一头栽进了从前上海人
家平常生活情状里。

晚上传来欢声笑语一片热闹，原来是
楼下的乐佛涯串烧餐厅到了繁忙时
候，闻到烧烤香味禁不住肚子咕咕作
响——下楼吃喝饱醉相信今晚一定睡
得酣静，明早醒来看见阳光洒进房内
又是美好一天。

（文：陈迪新）

看得见的历史，看得见的细节

老地板配搭素白床铺窗帘，
一室优雅写意

暖暖光线跟你 say hello

晚餐来个串烧怎样？

种满各式各样香草的
屋顶花园"水园",
为风景添上自然色彩。

房间布置素静朴拙，
给习惯了富丽堂皇的
酒店旅客一个视觉按摩。

小至房间内的 Standard Chair，
大至内镶镜子的铁框木窗，
意想不到的事在这酒店实在多的是。

水舍 Water House h4

A 黄浦区毛家园路 1-3 号（老码头旁）
T 021-6080-2988
www.waterhouseshanghai.com

虽然同样是依着中山路一直走，就是没有了中山东路那边的繁华，除了老码头这个新的创意产业园和旅游景点外，环绕的都是旧民房和发展中的项目工地。单凭面前这楼高四层的建筑物，破破旧旧的外表一时无法令人想到这是一家获得 2011 年 Travel + Leisure Design Awards 的精品酒店，但一大片落地玻璃告诉我这面墙后必然藏着些意想不到的事情。

酒店的正门是一道不太起眼的铁门，推门而入却发现酒店大堂气派十足。破落外露的水泥砖墙为背景，天花吊着一盏巨形的白色吊灯，大堂四周放满如 Ame Jacobsen 及 Antonio Citterio 等来自世界各地设计大师的家具，令这座建于 1930 年历尽沧桑的前日军武装总部增添了一份对立前卫的格调。

酒店的设计概念把私人空间和公共空间打散再融合，十九间独立设计的客房，不论是设有露台的园庭房间，还是拥有落地大窗的江景房间，都充分重现上海弄堂的几经迂回转折然后一目了然的风味。你可以从房间的沙发看到外面黄浦江两岸早晚的景色，亦可以从露台看到内庭四周邻居的一举一动。同时，酒店外的行人亦可有意无意地看到酒店住客站在以全片玻璃建成的浴室和洗手间内远看着上海最新最旧的一面。

人在外头，什么也总得一试，我入住的这个房间里这充满话题性的浴室的确会有令人却步的念头，但习惯了后意外地感觉还是很不错——就是一种在四面水泥墙内感觉不到的畅快。水舍就是一个意想不到的实验：意想不到的外表、意想不到的内涵、意想不到的设计、意想不到的员工，还有意想不到请来名厨 Jason Atherton 坐阵的酒店餐厅 Table No.1，以及它无限量供应的精美早餐！

（文：叶子骞）

上海吃不完

还是那一句，独食易肥，吃到底的目的和意义，都在于分享。

所以我由衷感谢身边这些在上海认识的在上海生活的以及跟我一样路过上海短暂勾留的新朋旧友，在手机屏幕一看到是我打来的电话，按通了一开口劈头就问我要吃什么？要去哪里吃？要跟谁一起去吃？吃完之后又再去哪里吃？他们她们对我的依赖、信任、支持、器重、义无反顾不离不弃，是因为我平日早午晚宵夜都在努力钻研如何点菜如何让大伙吃得健康平衡快乐尽兴——以此为志业，旨在分享，让敏感味蕾引领我们认识了解这个吃不完的大世界。

这回能在上海吃得肆无忌惮，特别感激为我们开山劈石铺路的殳俏、健和、美兰、迪新、踏踏、子骞，一路吃来，是我身边最亲密的伙伴。同台吃饭，集体修行，如果说我们在低头吃喝中悟到一点什么？该就是趁热起筷，吃在当下。

应霁

2013 年 3 月

欧阳应霁 作者

香港出生，积极进取型闲散退休人士。

以贪威识食练精学懒为下半生做人宗旨。

一觉醒来向天发誓，要把自己从来喜欢和向往的城市，一直热爱尊重的食物，和始终惦念和牵挂的人，有组织有预谋地，一一吃下去。

电邮：aycraig@gmail.com
新浪微博：http://weibo.com/yingchai
脸书：www.facebook.com/craigauyeung

陈迪新（Dixon） 摄影师

摄影师，家课制作成员。

从十八分钟开通味蕾，到饭人游历坦认嘴馋为食，终致孜孜不倦地乐极在摆满一桌甜酸苦辣与色香美味之前，忘形地躲在镜头后方一一记录捕捉每道每顿垂涎欲滴。

新浪微博：http://weibo.com/ctsdixon
脸书：www.facebook.com/ctsdixon

戴蓓懿（踏踏） 助理采编

上海人。

曾经的酒店管理人，现在的美食工作者。

贪恋各种人间美味，以吃为第一要义，常年混迹于各大城市，发现、尝试、记录各种在地好味道。

新浪微博：http://weibo.com/daitata

叶子骞（Edward）助理采编

会三文四语，有点胖的香港人。

认真冀望可以跟家人朋友吃喝玩乐过日子。

自入老大门下，爱吃爱煮爱放假的天性一发不可收拾，从此努力做一个出得厅堂，入得厨房的 kidult。

新浪微博：http://weibo.com/daibu

Eat Like Heaven